硬件产品经理方法论

从业务逻辑到职业发展

林志平 著

人民邮电出版社

北京

图书在版编目（CIP）数据

硬件产品经理方法论：从业务逻辑到职业发展 / 林
志平著. -- 北京：人民邮电出版社，2022.12
ISBN 978-7-115-59771-7

Ⅰ. ①硬… Ⅱ. ①林… Ⅲ. ①硬件－产品设计－产品
管理 Ⅳ. ①TP330.3

中国版本图书馆CIP数据核字(2022)第135237号

内 容 提 要

本书主要介绍硬件产品经理所需要掌握的工作内容、工作知识和工作方法。全书以一个硬件产品所经历的全生命周期为线索展开，具体内容包括产品规划（含市场分析、用户研究和产品定义）、产品实现（含产品设计、研发实现、供应链管理、项目管理）、产品上市（含产品营销、产品维护）等，详细地拆解了硬件产品经理在工作中的每个阶段所需要掌握的理论、方法和实用工具。随后，本书总结了硬件产品经理所需要具备的思维，包括微观思维（含用户思维和数据思维）、中观思维（含创意思维和财务思维）、宏观思维（含领导思维和商业思维）。此外，本书还从求职者和招聘者两个视角介绍了应聘硬件产品经理岗位所需要注意的事项。最后，本书从行业、企业、产品三个方面深度剖析了一款硬件产品成功的原因，帮助读者深入理解前文中的知识点。

本书既适合初入门的硬件产品经理，也适合希望跨行转岗成为硬件产品经理的人士，以及计划重新回顾、梳理硬件产品方法论的有一定工作经验的硬件产品经理。

◆ 著　　　　　林志平
　　责任编辑　　胡俊英
　　责任印制　　王　郁　焦志炜

◆ 人民邮电出版社出版发行　　北京市丰台区成寿寺路 11 号
　　邮编　100164　　电子邮件　315@ptpress.com.cn
　　网址　https://www.ptpress.com.cn
　　北京七彩京通数码快印有限公司印刷

◆ 开本：800×1000　1/16
　　印张：13.5　　　　　　　　　2022 年 12 月第 1 版
　　字数：218 千字　　　　　　　2025 年 3 月北京第 8 次印刷

定价：69.80 元

读者服务热线：(010)81055410　印装质量热线：(010)81055316
反盗版热线：(010)81055315

对本书的赞誉

现代商业正在快速地从卖方市场向买方市场切换，行销思维在向营销思维转变，商品化快速地向产品化迭代。可以预见的是，好产品将是企业的"重武器"，那些能够做出好产品的团队和个人将是企业的无价之宝。但好产品必须先有好的产品经理，好的产品经理必须是一个全才：懂用户、懂竞争、懂技术、懂商业。如何成为优秀的产品经理、企业如何物色和培养优秀的产品经理，以及如何探寻用户需求、定义产品、操盘商业，这是企业经营者、管理者和相关从业者需要全面、深度思考的问题。本书作者结合实战经验，全面、系统地阐述了产品经理应该掌握的思维和方法论，推荐有志于在产品、营销、经营决策等领域发展的朋友们阅读。

——火火兔智慧科技有限公司 CEO&合伙人　徐宝龙

所有的产品需求都源于人们内心深处的欲望。一个好的产品经理不仅要深谙人性，也要有强大的同理心（即共情能力），要能够站在用户的角度思考问题、和用户同频共振，然后借助自己强大的审美能力把产品实现出来。志平从大学时期开始就具备这样的特质，他善于思考和总结，并且愿意分享。本书适合想成为硬件产品经理的新手阅读，也适合对硬件产品感兴趣的互联网产品经理中的"老兵"阅读参考。

——嘟嘟巴士创始人、深圳市潮汕商会副会长　刘逸洵

在互联网产品经理盛行的时代，市面上关于互联网产品经理的书籍汗牛充栋，而关于硬件产品经理的书籍却屈指可数。本书作者基于自身的工作经历和学习体会，全面梳理了关于硬件

产品经理的工作方法论，读者可以从中看到硬件产品经理的多面性。

——上海路奇智能科技有限公司创始人、

《产品经理进化论：AI+时代产品经理的思维方法》

《AI 赋能：AI 重新定义产品经理》作者　连诗路

5G 至，万物互联。工业、制造业正在经历重大变革。本书以"如何做一名硬件产品经理"为主线，介绍了硬件产品从概念设计到生产再到上市的全部过程。

——武汉内瑟斯科技有限公司 CEO　曾俊龙

产品经理对企业的重要性不言而喻，然而鲜有能将此复杂职位谈清楚者。作为优秀产品经理的代表，本书作者结合亲身实践，不落俗套、系统全面地阐释了硬件产品全生命周期的各项工作。本书内容环环相扣，其中细微之处，值得初入行者学习，亦可供资深者借鉴。

——前 TP-LINK 产品总监　涂前良

产品经理的工作涉及产品的方方面面。本书系统地介绍了硬件产品经理在工作中的思路、方法，辅以贴切的实例，易于阅读，值得学习。

——深圳真伊科技有限公司总经理　李明沅

伴随着物联网的快速发展，硬件产品逐步受到重视。与软件产品相比，硬件产品的商业逻辑和产品逻辑是完全不同的。很多从业者由于缺乏硬件行业知识而出现了"水土不服"的问题，却又无法找到相关的知识来答疑解惑。本书全面讲述了硬件产品全生命周期的知识体系，能够帮助从业者快速地建立全面的认知，是硬件从业者必读的一本好书。

——迈外迪网络科技有限公司高级产品经理、

《硬件产品经理手册：手把手构建智能硬件产品》作者　贾明华

本书作者从大学开始就展现出敏锐的商业嗅觉、杰出的业务管理技能，以及优秀的市场分析能力，毕业后又在多家知名公司担任产品经理，丰富的工作经验铸就了其精湛的业务能力。本书基于作者多年的工作经验总结而成，内容深入浅出，值得学习。

——哈尔滨工业大学（深圳）副教授　王凯旭

做品牌和做产品，最终都是在为用户提供解决问题的方案。从演员到品牌人的角色转变并不容易，如何做好一款产品是我的知识盲区。这本书从宏观、中观、微观三个视角出发，对产品经理的工作进行了深入浅出的解读，我作为初学者受益匪浅。

——"全心贝爱"创始人、青年演员　王沐霖

推荐序

优秀的产品经理是硬件创业成功的关键！

小米生态链模式的成功，背后的人才最关键。在各种人才之中，产品经理是关键中的关键。每家新的小米生态链企业都采用双重产品经理制度，一边是小米的产品经理，他们对"米粉"群体非常熟悉；另一边是小米生态链企业的 CEO，本质上也是产品经理，他们对本行业的技术比较内行。除了双重产品经理，小米生态链团队里不同岗位的人也都具备产品经理思维，比如小米生态链设计部的设计师们，他们不仅专业水平高，对产品的理解也非常深刻。

从整个社会来看，互联网领域的产品经理很多，但优秀的硬件产品经理却少之又少，这是个大问题。以科技成果转化类项目为例，这类项目的成功率其实很低，这与缺少优秀的产品经理或者创始人缺乏产品经理思维不无关系。互联网产品经理直接去做硬件产品也有很大的风险，这和硬件创业的特殊性有关。归纳一下，硬件创业有三个方面的特殊性。

首先，硬件项目往往投入大、周期相对较长，于是互联网领域常用的"小步快跑、快速迭代"就不太灵了。开一套模具至少要 40 天，开完了就不能随意进行大的改动。如果产品复杂度高，比如智能打印机、扫地机器人这类产品，研发周期长达两年都很正常。在这两年里，用户需求、行业技术都会有新变化，这就对产品经理的预判能力和前瞻能力要求很高，同时要求产品定义一次性做对，以首战即决战的心态来做产品。

其次，硬件项目环节很多。一个典型的智能硬件产品涉及机械、电路、软件，软件又分客户端和中后端，硬件产品经理在考虑以上内容的同时，还要考虑产品的生产、物流、售后、反向物流。此外，作为产品经理，还需要知晓这些环节的基本原理，以确保在产品定义阶段就能考虑到各环节的潜在问题和难点。

最后，硬件产品各不相同。比如快消品和耐用消费品不一样，大"白电"和个人护理小电器又有区别。这就要求产品经理必须具备一定的行业经验，否则就容易犯低级错误。比如让一个没有任何文具产品开发经验的产品经理去做一支笔，他就极有可能忽略一个重要问题——笔的重心。我亲眼见过类似的错误发生，因此行业经验是很重要的。也正是这一点，给产品经理的"跨行业跳槽"造成了一定的困难。

当前，国内不仅缺乏硬件产品经理，也缺少对产品经理理念、方法、流程的系统化整理，更缺少与硬件产品经理相关的图书。林志平先生既有丰富的硬件产品经理实战经验，又善于总结提炼。他在本书中把产品经理的作业流程、思维方式、职业发展都一一做了系统化的梳理，特别适合硬件领域的产品总监、产品经理和希望成为硬件产品经理的读者学习。

我也衷心期待有更多的人才加入产品经理的行列。有了优秀的产品经理，我们才能做出好的产品或服务，才能满足人民日益增长的美好生活需要，进而推动新国货的崛起。

洪华

谷仓新国货研究院创始人、《小米生态链战地笔记》作者

前　　言

随着互联网尤其是移动互联网的蓬勃发展，产品经理的概念越来越火热。最早提出产品经理这个概念的是快消行业的宝洁公司，该公司为它的快消类产品线设置了产品经理职位。随着智能硬件行业的发展，硬件产品经理的概念和岗位逐渐为人所知，相关岗位的人才缺口正在逐渐增大，也越来越受到行业及企业的重视。

硬件产品经理作为企业业务经营的"火车头"指引着产品乃至公司的发展方向，在企业中起到越来越重要的作用。笔者有幸从毕业之后就一直从事硬件产品领域的工作，曾任职于创业公司，也曾任职于 20 万人规模的大公司，所负责过的产品品类跨越多个领域，对于硬件产品经理在面对不同规模的企业及不同品类的产品时的共性和差异性都有一定的了解。硬件产品经理领域的图书比较稀缺，市面上完整介绍硬件产品方法论的图书也比较少，于是我结合多年的学习心得及工作经验，试图为读者介绍关于硬件产品知识的完整框架，以及一些能够学完即用的与硬件产品工作相关的方法。

硬件产品是什么？硬件产品经理又是什么？硬件产品经理在工作过程中需要掌握什么样的知识、方法和思维？这些都是初入行者首先想要问的问题。在本书的写作过程中，笔者与身边的一些硬件产品经理多番交流，深入了解了初入行或者想要入行成为硬件产品经理的朋友们会有什么样的困惑，以及希望从相关的图书中得到什么样的知识和答案。希望本书能够较好地解答或者至少部分解答这些问题，也希望本书能够起到抛砖引玉的作用，吸引更多的读者一起学习、交流和探讨。

读者在学习本书的过程中，需要投入一定的时间和精力。当然，除了"学习"之外，还需要"践行"，只有把学习到的内容应用到实际工作中，才能把这部分知识真正地内化到自己的知识体系中。

读者对象

本书适合所有想要从事硬件产品相关工作的人员阅读，包括学习电子硬件、结构工程、产品设计、市场营销等专业的高校学生，以及有志于转行从事硬件产品工作的其他职场人士。本书也适合具有一定工作经验的硬件产品经理用于梳理相关知识体系。本书的大部分内容不要求读者具备任何专业背景，另有一少部分内容涉及硬件知识，如果读者具备相关的专业背景会更容易理解。

章节速览

本书总共分为 6 章，各章内容之间层层递进，因此建议读者按顺序阅读。

第 1 章主要介绍产品、硬件产品和硬件产品经理的概念，旨在让读者对硬件产品经理有比较全面的了解。

第 2～5 章是本书的核心内容，以一个硬件产品从 0 到 1 的全生命周期为线索展开。第 2 章讲解如何规划一款产品或者一条产品线，主要从市场分析、用户研究和产品定义 3 个方面展开。第 3 章讲解一款产品在规划完成之后是如何开发实现的，包括产品设计、研发实现、供应链管理和项目管理 4 个方面。第 4 章讲解产品开发完成之后的上市过程，包括产品营销和产品维护。第 5 章讲解硬件产品经理在工作中需要具备的思维能力，包括微观的用户思维、数据思维，中观的创意思维、财务思维，以及宏观的领导思维、商业思维。

第 6 章讲解应聘硬件产品经理岗位所需要注意的事项，以及应聘成功之后应该如何持续提升自己的工作能力。

关于勘误

本书虽然经过多次校订，但依然难免有纰漏之处，欢迎并恳请读者朋友们给予批评和指正。作者的邮箱为 Erick.lin@qq.com，个人微信号为 Eririck。此外，欢迎读者朋友们关注我的微信公众号"爱睿客"，与我一起持续学习和交流。

资源与支持

本书由异步社区出品，社区（https://www.epubit.com）为您提供相关资源和后续服务。

配套资源

本书提供配套彩图资源，请在异步社区本书页面中单击"配套资源"，跳转到下载页面，按提示进行操作即可。

提交勘误

作者和编辑尽最大努力来确保书中内容的准确性，但难免会存在疏漏。欢迎您将发现的问题反馈给我们，帮助我们提升图书质量。

当您发现错误时，请登录异步社区，按书名搜索，进入本书页面，单击"提交勘误"，输入错误信息，单击"提交"按钮即可。本书的作者和编辑会对您提交的错误进行审核，确认并接受后，您将获赠异步社区的100积分。积分可用于在异步社区兑换优惠券、样书或奖品。

扫码关注本书

扫描下方二维码，您将会在异步社区微信服务号中看到本书信息及相关的服务提示。

与我们联系

我们的联系邮箱是 contact@epubit.com.cn。

如果您对本书有任何疑问或建议，请您发邮件给我们，并请在邮件标题中注明本书书名，以便我们更高效地做出反馈。

如果您有兴趣出版图书、录制教学视频，或者参与图书翻译、技术审校等工作，可以发邮件给我们；有意出版图书的作者也可以到异步社区在线投稿。

如果您代表学校、培训机构或企业，想批量购买本书或异步社区出版的其他图书，也可以发邮件给我们。

如果您在网上发现有针对异步社区出品图书的各种形式的盗版行为，包括对图书全部或部分内容的非授权传播，请您将怀疑有侵权行为的链接发邮件给我们。您的这一举动是对作者权益的保护，也是我们持续为您提供有价值的内容的动力之源。

关于异步社区和异步图书

"异步社区"是人民邮电出版社旗下 IT 专业图书社区，致力于出版精品 IT 图书和相关学习产品，为作译者提供优质出版服务。异步社区创办于 2015 年 8 月，提供大量精品 IT 图书和电子书，以及高品质的技术文章和视频课程。更多详情请访问异步社区官网 https://www.epubit.com。

"异步图书"是由异步社区编辑团队策划出版的精品 IT 专业图书的品牌，依托于人民邮电出版社近 40 年的计算机图书出版积累和专业编辑团队，相关图书在封面上印有异步图书的 LOGO。异步图书的出版领域包括软件开发、大数据、AI、测试、前端、网络技术等。

异步社区

微信服务号

目　　录

第1章 产品和产品经理

1.1 产品

想要成为一名"硬件产品经理",首先应该先了解清楚"产品"的概念及其内涵。

"产品"指的是能够提供给市场,被用户使用、消费,能够满足人们需求的任何有形或者无形的东西,包括有形的物品、无形的服务、组织、观念或者它们的组合。从硬件产品经理的角度来看,"产品"指的更多是制造业中"生产制造出来的物品"。

用户购买产品,并不是为了获得产品本身,而是为了获得产品给用户带来的"改变"或"价值"。换言之,用户购买某个产品,是希望通过该产品提供的价值实现从某一个"状态"到另外一个"状态"的切换。这个"状态切换"的意愿,就是"用户需求"。这种切换意愿的强烈程度,就是需求的强度。状态切换的意愿越强烈,意味着需求的强度越高,用户就越愿意为这个需求支付更高的成本。例如用户走在路上口渴了,就会愿意支付两元钱到便利店购买一瓶矿泉水来饮用,从"口渴"的状态切换到"不口渴"的状态,那么这瓶矿泉水就提供了"解渴"的价值。如果用户是在沙漠中极度口渴了,那么需求强度就会达到顶点,这时候甚至愿意用金子来交换一瓶稀缺的矿泉水。

以上是对于产品的基本理解,下面我们从 3 个方面来进一步理解"产品"的深层内涵。

1.1.1　产品是需求解决方案的载体

产品在生活中无处不在，我们设想一个如下的场景。

早上，小明起床了，看了看墙上的挂钟，发现已经快七点了。小明抓紧时间洗脸刷牙，换好衣服、鞋子之后赶紧出门，前往地铁站乘坐地铁去公司上班。到了公司，小明抬起手腕看手表，发现还没到九点，迅速打开钉钉 APP 打卡——时间刚刚好，还好没有迟到。

在上面这个简短的场景中，总共出现了多少款产品呢？答案是 8 种：挂钟、毛巾、牙刷、衣服、鞋子、地铁服务、手表、钉钉 APP。我们可以把这些产品简单地划分为 3 类："硬件"类产品、"软件"类产品和"服务"类产品。

"硬件"类产品通常是有形的，是"具有特定形状的可计数的产品"，如上述场景中提及的挂钟、毛巾、牙刷、衣服、鞋子、手表，都可以理解为广义的硬件产品，或者叫作"工业产品"。狭义的硬件产品可以定义为集成了电子电路的产品，如"挂钟、手表"。

"软件"类产品通常是无形产品，由信息组成，其典型表现形态为各种移动端和 PC 端的应用程序（APP），如上述场景中提到的"钉钉 APP"。

"服务"类产品通常也是无形产品，是为了满足用户的需求，供给方所采取的一系列活动和措施，如医疗、运输、金融、旅游、教育等。上述场景中提到的"乘坐地铁"，就是地铁公司通过地铁这个物理载体，为用户提供的从 A 点到 B 点的运输服务。

无论是硬件类产品、软件类产品还是服务类产品，产品的表现形态虽然各不相同，但它们拥有明显的共性，即它们的实质都可以概括为：基于用户需求解决方案的物质或非物质的载体。这一共性可以很好地回答"产品是什么"这个问题。

首先，产品是用来解决问题的。当用户碰到了某些问题时，如果用户想要解决这个问题，则随即产生了需求。对应于这一需求的产品一旦出现，就能够化解用户当前所面临的困境，即解决了问题、满足了需求、提供了价值。例如用户在烈日炎炎下正口渴难耐，这时候你递给他一瓶水，这瓶水就是能够解决"口渴"问题的产品。

其次，产品是解决方案的载体。如果是硬件产品，则为物质载体。产品承载的是产品背后的产品经理、企业甚至整个产业链为某类用户、某种需求提供的特定解决方案。例如用户购买了一部手机用于通话，那么用户只需要会拨打和接听电话就可以了。但实际上，这部手机的背后蕴藏了一整套复杂的知识体系和技术沉淀，而这一整套东西对用户来讲都是可以无须关心和理解的。

在产品设计的过程中，设计者会将复杂的部分"藏"起来，并将简单的人机交互接口"放"出来。用户能看到的就是开放出来的交互接口，即所谓的"用户触点"。这也是为什么产品虽然制造工艺很复杂，但用起来却很简单。例如手机这款产品的本质是对通话需求的解决方案的物质载体，那么有了这个载体，用户的通话需求就能够得到满足。

产品是用户需求解决方案的载体，换句话说，即产品存在的使命，是帮助"用户"在某种"场景"下解决了某个"问题"。因此，当我们研究一款产品的时候，"用户""场景"和"问题"是三个绕不开的关键词。除了极少数像"微信"这样的国民级产品之外，绝大多数产品都是面向部分特定的用户群体，解决某一部分人在某一个特定时间、空间之下的某一类特定问题。只有把用户、场景和问题这三个方面都考虑清楚了，产品才能被清晰、准确地定义。

1.1.2 产品是收益和代价的权衡

当我们觉得某一款产品做得好而夸赞它的时候，会提到一些理由，比如：

- 这款手机用起来太流畅了；

- 这个包包也太漂亮了；

- 自从买了空气净化器之后，在家里再也没吸入让人过敏的花粉了；

- 诺基亚手机就是抗摔。

同样，当我们觉得某款产品做得不好而批评它的时候，也会提到一些理由，比如：

- 这个产品的使用体验这么差，对不起它的价格；

- 这说明书写得就像天书一样，完全看不懂；

- 这排插动不动就闪出一些电火花，看起来好危险。

用户夸赞产品好的方面，往往是用户觉得使用了这款产品之后，有所受益的部分（用户收益），例如"使用体验好""产品颜值高""使用效果好""可靠性强"等。而用户批评产品不好的方面，往往是用户觉得使用了这款产品之后，给用户带来的成本（用户代价），例如"产品价格高""使用难度大""潜在风险高"等。一个产品的用户收益越高、用户代价越低，那么它受到用户喜爱的概率就会越高。这一规律可以用以下公式来表达：

产品竞争力（或"产品力"）=用户收益÷用户代价

当然，一味地追求高用户收益，或者低用户代价，都是不可取的。因为某些高用户收益的功能，可能会带来更高的用户代价，最终导致产品的竞争力反而下降。因此，在产品设计的过程中，为了保证产品力的最大化，需要做好用户收益和用户代价的权衡。由于资源的有限性，在权衡的过程中，会有许许多多客观的"约束条件"，例如成本、工艺、交期、定价等。在各种约束条件之下，集中有限的资源投入用户边际收益最高的功能点上，这种做法将有利于产品竞争力的最大化。

图 1-1 是一个"用户体验地图"的简单示意图。所谓"用户体验地图"，就是通过画一张图，用一种讲故事的方式，从一个特定用户的角度出发，记录他与产品或服务进行接触、进入、互动的完整过程。

初入行的产品经理经常会犯一个错误，那就是视角切换不过来，习惯性地从"管理员"的视角来规划产品，一股脑儿地把产品提供的所有功能机械化地罗列出来。正确的做法应该是，切换到用户的视角，按照一个普通用户使用产品的路径，从用户如何进入这个产品、每一步如何使用、到最终如何离开，把这个过程完整地记录、绘制下来。

在图 1-1 中，每一个坐标点都是用户与产品或服务的接触点，是用户和产品产生交互的时刻。其中在基线以上的部分代表正面的情绪体验（兴奋点），在基线以下的部分代表负面的情绪体验（沮丧点）。在整个产品体验的过程中，如果用户的兴奋点远远多于沮丧点，那么用户的整体感受就是偏正面的，即有着良好的产品体验，反过来则产品体验就不会太好。然而，考虑到产品经理、企业在资源投入上的有限性，很难保证用户在每一个触点中都能获得正面的情绪体验，因为正面体验是需要投入资源和成本的。那么在资源约束的情况下，应该怎么分配资源，才能尽量做到整体的体验达到最优呢？

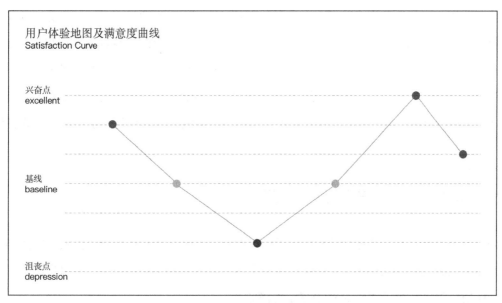

▲图1-1 用户体验地图示意图

理想的状态当然是让整条用户体验曲线都保持在最顶端，但受限于资源这显然是不现实的。在有限的资源条件下，就不得不需要将部分服务触点的用户体验下调。那么，应该下调什么触点？又要下调多少呢？首先，下调不能突破产品服务的下限，否则会导致服务崩溃、用户彻底流失。其次，在用户有心理预期的环节，不能下调太多、做得太差。最后，可以在用户没有注意到的地方提升体验度以制造惊喜感。

诺贝尔经济学奖得主、心理学家丹尼尔·卡内曼（Daniel Kahneman）在经过深入的研究之后提出：人们对于一段体验的记忆由两个因素决定，高峰时（无论正向的还是负向的）与结束时的感觉，这就是"峰终定律"（Peak-End Rule）。换言之，用户在对一项事物进行了体验之后，所能记住的就只是在"峰"与"终"时的体验，而与过程中好与不好的体验比重、时间长短关系并不大。

因此，基于峰终定律，在用户体验地图中，需要着重拔高曲线中关键时刻的体验峰值（也叫"价值锚点"），以及在即将结束的最后一个触点制造一次高峰体验。那么整体下来，在资源守恒的前提下，通过内部的优化平衡，就能让用户的总体体验达到最佳，让用户在回忆时感觉最"幸福"，实现资源在体验上分配的最优解。

以上是从"用户视角"来权衡收益和代价。如果从"企业视角"来看，也需要考虑收益和代价的权衡，即好产品要做到"企业收益高，企业代价低"。企业的收益包括获得收入（流水）、获得利润、获得用户、获得品牌美誉度、获得磨合团队的经验、获得资源的积累等，企业的代价包括投入资金、投入人力、投入时间等。好产品不仅要给用户带来价值，也要给企业带来价值。只有这样，企业才能长期、稳定乃至永续地经营，继续为用户创造价值，从而形成良性的循环。

1.1.3 产品是企业和用户之间的沟通媒介

企业生产出产品后，需要通过层层渠道进行销售（软件产品的销售会省去很多中间环节），最终产品才能到达用户的手中。企业通过承载了用户需求解决方案的产品，为用户解决了相关问题，而用户通过现金购买给企业带来了经济收入。

当产品到达用户手中的时候，它便承担起了企业和用户之间沟通桥梁的重要职责。产品本身就是双方沟通的最重要窗口，其次才是销售、客服等工作人员。用户在使用产品的过程中，每一次和产品的交互行为，本质上都是一次次的沟通行为。沟通效果的好与坏，都将影响用户对于产品的评价，以及对于企业的印象。因此产品就是企业的"代言人"。用户在与产品的每一次交互过程中，体会如何、感受如何，对于企业而言都尤为重要。用户购买了产品，只是沟通的开始而并非结束。购买后很长的一段时间之内，用户将对产品进行持续的使用和体验（如我们前面提到的"用户体验地图"），而每一个用户交互触点都可以理解为是一次双方沟通的界面。

考虑这样一个例子，图 1-2 是位于上海豫园景荣楼的"老庙黄金"门店，是一个主要销售黄金的店铺。进入老庙黄金门店的游客（用户）的一般行为路径（体验地图）是这样的：

▲图1-2 上海豫园的"老庙黄金"门店

进豫园——到广场——看到景荣楼——进店——上楼——消费——拍照打卡——发朋友圈——形成良好感受——进一步传播。

其中,每个环节若想顺利地进入下一步,都存在转化的困难以及用户流失的可能性,尤其是"进店""消费""发朋友圈"这几个带来收入或者传播的关键环节,更是困难重重。因此,做好体验设计,或者说做好体验过程中产品(一个门店也可以认为是一个产品)与用户间的沟通的设计,就起到了关键性的作用。

首先,"老庙黄金"在景荣楼前的广场上铺了十块大气的黄金地砖,并给这些金砖起了个寓意很好的宣传语:"脚踏金砖好运来"。这仿佛是"老庙黄金"在说:"你们来到老庙黄金银楼啦！"然后，"老庙黄金"把整栋景荣楼装潢得金光灿烂，二楼和三楼的斗拱部分甚至是用纯金的金箔贴上去的，在周围一众仿古建筑中犹如鹤立鸡群，能够迅速地抓住游客们的眼球。差异化显著的建筑风格让游客们很容易就产生了强烈的新奇感，一看到就挪不开眼睛，一挪不开眼睛就想拍照，一拍照就想发朋友圈。这仿佛是"老庙黄金"又在继续说："我这栋楼很漂亮，你可以拍照发朋友圈啦！"这一招"脚踏金砖好运来"和这一式"黄金楼"，为游客们"进店"这一关键转化贡献了很大的力量。

游客们进店后，一抬头就会发现店里的一、二、三楼又分别设置了五道门："福门""禄门""寿门""喜门"和"财门"。合起来就是"福禄寿喜财"，紧密地贴合了中华民族传统文化视角下的"五运"。游客们只要穿过这五道门，并且在门内打卡，然后在官方推出的 APP 上登录后并许下一个愿望，就可以免费得到一个专属于自己的五运符号和颜色。这就相当于游客在这无声的"沟通"中，被"老庙黄金"牵引着从一楼逛到了三楼，而且全程没有感受到什么"阻力"，体验非常顺滑。与此同时，景荣楼中间还设计了一棵从一楼直通屋顶的"黄金树"，如果在不同的楼层观看这棵树，还能够感受到不一样的美感，尤其是从三楼往下俯拍，能拍出非常震撼人心的视觉效果。因此游客们乐于走上不同楼层，并拿起手机拍下不同角度的黄金树。最后，"老庙黄金"把"金砖""黄金楼""五运门""黄金树"等已经给游客留下了深刻印象的"IP形象"做成了微型尺寸的黄金产品，让消费者可以直接购买留念，极大地提升了游客们从"随便逛逛"到"付费用户"的转化率。这一套"组合拳"下来，可想而知这家店的生意比普通的黄金门店会好很多。不仅如此，如果游客想拍照发朋友圈，"老庙黄金"把宣传文案也准备好了："喜踏金砖通坦途，眺望金楼步青云，五门齐过享五福，黄金树下种好运。"这一环接一环的体验和沟通设计，让游客们感受到了一个有生命力的、会说话的"老庙黄金"，也让游客们的体验情绪地图如丝般顺滑。这样的体验设计，实在令人叹为观止。

虽然这只是一个门店的服务类产品的沟通设计案例，但其中的逻辑在硬件产品设计中也是相通的。在 3.1 节"产品设计"中，我们会进一步展开阐述"产品沟通"的相关内容。

在理解了"产品"的概念之后，我们来继续学习和了解"产品经理"的概念。

1.2　产品经理

"产品经理"是一个宽泛的概念，可以细分为许多不同方向的产品经理。如果按"软/硬件"来划分的话，那么有"硬件产品经理"和"软件产品经理"。如果对软/硬件产品经理进一步细分的话，可以继续细分为如下岗位。

硬件产品经理

- 按"产品阶段"可细分为产品规划经理、架构产品经理、市场产品经理等。

- 按"B/C端"可细分为B端硬件产品经理、C端硬件产品经理等。

对于硬件产品经理来说，大多数企业并未把岗位划分得很细，只是统称为硬件产品经理。而互联网（软件）产品经理，相对来说细分岗位会更多一些。

软件产品经理

- 按"行业"可细分为电商产品经理、社交产品经理、人工智能产品经理、在线教育产品经理、互联网金融产品经理、在线医疗产品经理、企业服务SaaS产品经理、网络安全产品经理等。

- 按"产品方向"可细分为用户端产品经理、用户增长产品经理、数据产品经理、策略产品经理、中台产品经理、后台产品经理、商业产品经理、支付产品经理、风控产品经理等。

关于产品经理的分类总结如图1-3所示。

因为本书主要是围绕"硬件产品经理"展开的，所以对于软件产品经理的相关知识大多会跳过。后文中如果没有特别强调的话，"产品经理"指的就是"硬件产品经理"。对于硬件产品经理来说，不管属于哪个阶段，不管属于B端还是C端，虽然他们的工作内容会因为各有侧重而有所不同，但都有统一的两个身份特征："操盘手"和"投资人"。

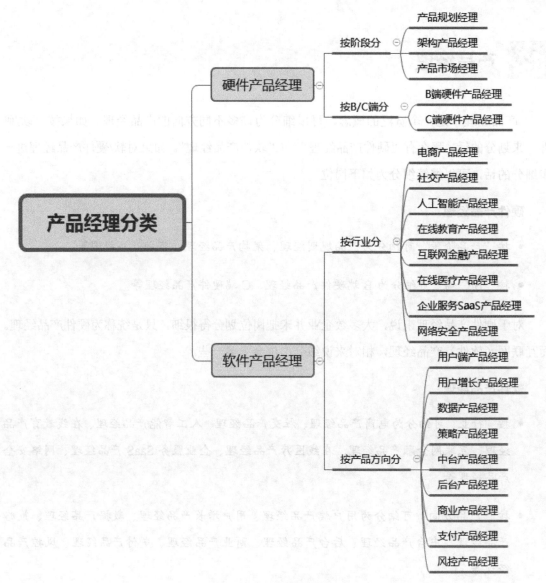

▲图1-3　产品经理分类明细图

1.2.1　产品经理是操盘手

在人力资源领域中有一个经典的"T"型人才模型：字母"T"由一横和一竖组成，"一横"长的表示"通才"，知识面广且综合能力强；"一竖"长的表示"专才"，知识面虽然比较窄但专业能力很强。

产品经理这个角色，毫无疑问应该属于"通才型"选手。如果要给"硬件产品经理"这个岗位下定义的话，那么应该是：

硬件产品经理是负责产品规划、产品定义、产品开发、产品上市等全产品生命周期管理的专业人才，需要综合考虑市场、用户、技术等内/外部条件，协调设计、研发、供应链、生产、营销、财务等各职能部门的人员，来制定产品规划、推导产品定义，进而实现产品和业务的目标。

从硬件产品经理的定义中可以看到，硬件产品经理既有自己的"主业"，即产品规划和产品定义，这部分工作和产品经理强相关，是产品经理需要输出的关键交付物；也有自己的"副业"，即设计、研发、供应链管理、生产、营销、财务等，这些工作虽然并非由产品经理直接完成，但也和产品经理间接相关。"主业"和"副业"加在一起，可以看出产品经理的工作内容涉及面较广、综合难度较大。可以这么认为，产品能力是多种能力（如规划能力、设计能力、生产能力、营销能力等）的集成，这也是为什么企业需要有产品经理这个岗位。除了涉及面广之外，产品经理还需要具备"资源整合"的能力，因为产品是产品经理的最终输出成果，是集成了内外部各单元资源的结晶。产品中蕴含了产品经理、企业和行业的创意、思想、技术、材料、工艺等，是资源淬炼后的集合体。因此，产品经理就是他所负责产品的操盘手。

所谓"操盘手"，指的是某个行为或事件的主要负责人、操作者，操纵着人或事件的最终走向。

产品经理的核心职能是产品规划和产品定义，"产品规划"回答了"为什么要做某些产品"的问题，"产品定义"回答了"这些产品将要做成什么样子"的问题。除了这些核心职能之外，产品经理还需要参与到一个产品的全生命周期之中。一个产品的全生命周期通常是很长的，产品经理在这整个周期中，会有或多或少、或深或浅的参与，相当于整个产品、项目的"盘子"都给你了，需要你对产品的最终业务表现、经营结果负责。

一个典型的硬件产品的全生命周期是怎样的？下面是对硬件产品全生命周期中各个阶段的简单概括，也是对全书将要详细讲解的内容的概括。

（1）提出概念：产品经理发现了一个市场需求，同时在脑海里产生了一个想法（idea），有了目标产品的大致轮廓，并预期该概念可以用来满足这个被新发现的市场需求。此时产品已经有了大致的方向，但是产品的细节如何还没有明确。

（2）市场调研：对于该"市场需求"进行深入的行业和市场研究，了解该行业处于什么阶段、市场容量多大、行业内有多少产品、各产品的竞争力和市场份额如何等，从而对该市场拥有俯瞰性、全局性的认知。

（3）用户研究：研究你的目标产品能满足（解决）什么用户在什么场景下的什么需求（问题），用户画像是怎样的，这个需求是否足够强烈，用户在没有这个产品时如何解决现有的问题。

（4）竞对分析：分析市场上有哪些企业在这个领域里的表现比较好，他们的优势和劣势在哪里；他们已经做了哪些产品，这些产品的优势和劣势在哪里，对于用户需求的满足程度如何；自己的企业如果进入这个领域，能够具备哪些差异化的优势以迎接未来的竞争。

（5）产品定义：把以上的问题都想清楚后，就可以做出比较清晰的产品定义了，产品定义就是传递给下游部门的需求文档。

（6）产品立项：产品立项的流程很复杂，涉及跨部门沟通、评审会议、项目材料梳理等工作，立项之后产品才真正进入开发阶段。

（7）产品开发：产品开发包括外观设计、硬件设计、结构设计和软件设计，外观、硬件、结构、软件是构成一个硬件产品的核心组成要素。

（8）产品生产：产品进入生产阶段，生产又分为试产、量产等多个环节。

（9）产品上市：这时候需要提取产品的卖点并给运营或者销售人员培训，设计产品的详情页，评估产品是进入线上还是线下销售渠道，通过物流使产品送到消费者的手中。

（10）产品迭代：产品销售出去之后，逐渐有了用户使用，也就逐渐能够发现产品不足的地方。可以基于这些市场反馈的一手信息，规划下一款更优的迭代产品。

（11）产品退市：一个产品是有"寿命"的，在其竞争力逐渐消失的时候，或者在其创造的收益逐渐低于产生的投入的时候，适时将产品停产（行业内称为"End of Life"，简称 EoL），让其完成使命后"寿终正寝"。

1.2.2　产品经理是投资人

优秀的产品经理能在竞争激烈的红海市场中发现生机，甚至能够发现全新的蓝海市场。在产品规划之前，于茫茫市场中寻找到合适的机会，是一名高级产品经理所需要具备的技能。在茫茫市场中发现产品机会，就好像风险投资人在茫茫企业中寻找"独角兽"公司一般。每一次的产品立项，都可以看作公司的一次投资行为。产品是为用户服务的，与此同时也是为企业自身的目标服务的。盈利是企业的天职和本分。产品除了满足用户的需求之外，更需要满足业务的目标，需要具备盈利的能力，只有这样企业才能可持续地健康经营、基业长青，持续地给用户创造价值，从而形成良性循环。因此产品在立项之初，都会做好财务上的测算，严格计算该产品的投入产出比。产品经理就是他所负责产品的投资人。

前面提到"好产品"的第一个特征是"用户收益高、用户代价低"，这是站在用户的视角来评估的。同样地，对于企业来说，"好产品"的第二个特征是"企业收益高、企业代价低"。所谓"投资人"，就是需要不断地衡量投入产出比，既要权衡用户收益和用户代价，也要权衡企业收益和企业代价，力争做到"双高双低"，即"用户收益高、用户代价低"和"企业收益高、企业代价低"。

提到投资人这个概念，我们总会联想到"风险投资人"。风险投资人的工作是把资金投给处于早期或者成长期的公司，以资金换取股权，在公司发展到了一定的阶段之后退出投资，从而赚取资金回报的人或者机构。风险投资人在将真金白银投入一家公司之前，需要做大量的调研工作，其背后的思考和研判逻辑，是在信息极其有限的情况下，对行业的未来空间、潜在的用户需求做出正确的分析和判断，而且这些判断最好是提前于市场普遍的共识形成之前。

对于待投项目的质量评估，风险投资人会从"该项目解决问题的大小""该项目提供的解决办法的优劣""该项目企业管理团队的质量"这几个维度来进行评估。其次，风险投资人对于企业的创始人也极为看重。创始人是公司最大的产品经理，创始人对于行业市场、竞争格局、用户需求的洞察，都是企业竞争力的来源，甚至能决定公司发展的天花板。最后，风险投资人虽然带着"风险"二字，但其实他们非常"风险厌恶"，在把真金白银交出去之前，他们会进行严谨的风险评估，包括研发风险（公司能否研发出目标产品）、制造风险（公司能否大规模地生产出目标产品）、市场风险（公司能否成功地销售目标产品）、管理风险（公司能否成功地获取利润）和增长风险（公司能否高速地增长）等。

风险投资人对于项目的一般要求是：

（1）项目应具有一定的市场规模；

（2）风险是可以评估和理解的；

（3）项目涉及的业务需要短期内有大幅增长的潜力；

（4）该产品和服务具有独特的竞争优势；

（5）项目应具备销售额和利润的巨大潜能；

（6）风险投资人能够在某一时点上撤出项目并完成套现。

这些评估标准，从行业、市场、企业、产品、用户、财务、风险等多角度出发，考虑了市场容量、风险评估、增长潜力、竞争优势、业绩创造等各个方面，所思考的内容和方法，与产品经理在立项一款产品的时候所需要考虑的，除第 6 点之外，其他都是极其相似的。因此我们说"产品经理是投资人"，其实一点都不为过，这个类比能够很好地概括产品经理这个方面的特征。

1.2.3 硬件产品经理和软件产品经理的不同

互联网产品经理，也叫软件产品经理，其起源其实远远晚于硬件产品经理，但随着互联网，尤其是移动互联网迅猛的发展浪潮，反而是软件产品经理把"产品经理"的概念带火了。

1995 年 1 月，中国电信开通了北京、上海两个接入互联网的节点。这在当时并不算得上什么大事件，但回过头来看，这一事件却成为中国诸多互联网事件的起点，亦成为了中国互联网的历史性时刻。因此，1995 年也被称为"中国互联网商业元年"。2011 年，"移动互联网元年"到来，随后我们一起见证了塞班手机的退出、安卓手机的崛起、苹果的辉煌、小米的诞生以及 QQ、微信、抖音、滴滴、今日头条等互联网应用软件的疯狂扩张。互联网领域空前的市场机会催生了大量的软件产品，产品机会多、更新迭代迅猛，也进一步催生了行业内海量软件产品经理岗位的人才需求。

我们在求职网站上搜索产品经理岗位的时候，能够看到软件产品经理的岗位数量远远多于硬件产品经理；在书店里搜索产品经理书籍的时候，硬件产品经理相关的书籍也是寥寥无几，甚至专门写硬件产品经理文章的微信公众号，比较活跃的也只是少数。但随着移动互联网的市场逐渐饱和，智能硬件、智能家居、5G、IoT 等概念逐步火热，这一趋势开始有了点逆转的迹象。

虽然说二者都是产品经理，但是硬件产品经理和软件产品经理，它们之间的差别其实并不小。主要体现在以下几个方面。

第一，产品的知识体系要求不同。硬件产品涉及工业设计（Industrial Design，ID）、电子电路、结构工程、生产制造、产品认证、品质管控、物流仓储、产品营销、售后维护等环节，对产品经理跨领域的综合知识体系要求相对更高。而软件技术则通用性相对较强，不需要像硬件领域一样具备很深的垂直性行业经验。

第二，产品的开发周期不同。从前文提到的硬件产品全生命周期概览来看，硬件产品（业内也称为"原子产品"）的开发周期比较长，因为涉及实体物料而很难做到"小步快跑、快速迭代"。当产品开模完成后，再修改结构图纸需要报废上百万的模具成本；当产品销售到用户手中后，批量召回、返修也需要额外投入巨大的人力和物力，因此硬件产品注重一次性就做对。而软件产品（业内也称为"比特产品"）则不同，强调"MVP（Minimum Viable Product，最小可行性产品）思维"和"敏捷开发"，即先把产品放到市场上试一试（比如"灰度发布"），通过用户反馈来快速迭代。即便发布的产品真的出了什么问题，也可以"回滚"版本，不存在召回的概念。硬件产品的开发周期，相对来说更加"刚性"一些，没有太多可压缩的空间。如果强制压缩项目周期，随着周期压缩得越来越紧，付出的代价会成倍地增加。这是因为硬件产品的有些环节是无法压缩的，比如模具开发少则一两个月，这个时间有其客观的规律，再怎么加班也无济于事；再比如认证周期，牵涉到了第三方的认证机构，这个也很难压缩。说"很难"其实也不是完全没有办法，比如不等模具开完提前做好功能样机供认证使用、多交一些认证费用让认证机构优先安排或者加班测试等，通过这些方法能压缩一些工期，但还是有工期下限。而软件产品则不同，软件产品的生产过程主要是靠"编程"，是可以通过加大人力和时间的投入来明显地提升效率的，当然也有其上限，但是相比硬件产品的弹性已经大了很多。

第三，产品的成本不同。这里的成本主要指的是产品的边际成本，所谓"边际成本"指的是每多生产一个单位的产品，所需要额外增加的单位投入。硬件产品因为其客观的物理属性，它的边际成本最低只能降到趋近于它的物料成本，而不可能为零；但软件产品的边际成本因为不涉及实体物料，理论上可以趋近于零。

因为边际成本的不同，又衍生出另外两种不同——"成本思维"不同和"商业模式思维"不同。

第四，产品经理的成本思维不同。硬件产品经理的成本意识更强，更像是一个做买卖的生意人，在增加产品功能的时候精打细算，这是因为增加功能都是要花钱的，每增加一个功能可能就要扩大 BOM（Bill of Material，物料清单），要衡量新增的功能带来的收益是不是超过了新增的成本，时刻权衡投入产出比。对于软件产品，尽管也要考虑投入产出比，但是投入的主要是人力成本，边际成本低很多，当用户规模巨大时其边际成本甚至可以忽略不计。

第五，产品依靠的商业模式不同。因为互联网产品的边际成本低，所以许多公司采用"免费策略"作为主业务上的杀手锏，然后再从其他业务上来寻求主要的收入来源。而硬件产品不可能做到免费，即便是小米这样的品牌也只是做到了把硬件净利润率维持在 5%左右的较低水平，再通过规模化以及引流到其他毛利率更高的业务上等商业手段来取胜。360 公司创始人周鸿祎在没有做硬件产品之前曾经大力鼓吹硬件可以免费，但后来他也表示："自己曾经有过误区，原来觉得硬件可以免费，但其实这是行不通的，是违背商业本质、商业规律的。"

这些都是硬件产品经理和软件产品经理之间比较好描述的微观层面的不同，而在实际工作中二者所采用的工作思路、所执行的工作细节还会有更多体感上的差别。但是，如果上升到产品总监甚至公司 CEO 的角色，随着关注点的不同以及视角和格局的进一步放大，就会发现共同之处远远大于不同之处了。

1.2.4 硬件产品经理的岗位说明书

在读完前文对"产品"和"产品经理"这两个概念的介绍之后，相信即便是刚入行的读者，对于产品是什么、产品经理是做什么的，应该也有了一个全局性的了解。至于硬件产品经理的工作细节究竟如何，我们通过一份硬件产品经理的岗位说明书来详细地了解一下。

岗位名称：硬件产品经理

岗位职责：

（1）基于市场分析、技术动态和用户研究，发现市场机会并负责产品规划和产品定义的输出工作；

（2）跟踪竞争对手的动态和产品的用户反馈，对产品保持持续的竞争力负责；

（3）跟进包括 ID、研发、供应链管理等的产品实现过程，关注项目关键节点，把控产品实现质量，确保产品实现符合产品定义，对商业结果和用户口碑负责；

（4）挖掘产品核心卖点，参与产品的 GTM 过程，协助制定产品定价、营销和渠道等策略；

（5）对产品进行全生命周期的跟踪和管理，以市场和用户数据反馈制订产品升级或退出方案，保证产品组合的持续竞争力。

岗位要求：

（1）本科以上学历，有 3 年以上的硬件产品经理工作经验；

（2）优秀的产品理解和产品规划能力，具备产品思维、数据思维、逻辑思维和决策能力；

（3）具备专业的市场分析、行业分析、消费者研究、产品规划和产品管理能力；

（4）具备电子、结构、ID、供应链管理等与硬件产品相关的基础知识储备；

（5）熟悉硬件产品的产品规划、产品定义、开发、生产、品控等流程，以及各环节的把控要点；

（6）有强烈的自我驱动力、责任心、沟通协调、系统化思考和解决实际问题的意识和能力。

从以上产品经理的招聘要求中可以看出，对产品经理的核心能力要求包括以下几个方面：市场分析、用户研究、产品定义、产品实现（ID、研发、供应链），甚至还包括产品定价、产品营销、产品渠道、产品迭代，涵盖了产品从 0 到 1、从生到死的全生命周期。对产品经理的核心思维要求则包括用户思维、数据思维、领导思维、行业思维、逻辑思维和商业思维等。除了这份岗位说明书之外，读者也可以从 BOSS 直聘、拉勾、猎聘等招聘平台上阅读各个公司对产品经理的岗位职责、技能要求的描述，以获得更为全面和充分的了解。

在后面的章节中，本书会紧紧围绕着上述的能力点和思维点，对硬件产品经理这一岗位逐步地展开阐述。在展开之前，我们先通过表 1-1 简单了解一下不同级别硬件产品经理的能力点和关注点都有哪些不同。注意，表 1-1 中所描述的 P1～P3 三个级别，只是一个大概的划分，并不代表行业内的共识。

表 1-1　不同级别硬件产品经理的能力点和关注点

级别	能力点	关注点
P1（1～3 年）	能够跟进好一个给定的项目	关注产品实现； 关注产品本身
P2（3～5 年）	能带领 PDT（Product Development Team，产品开发团队）从 0 到 1 做出来一款产品	关注产品规划和定义； 关注用户、对手和自己
P3（5 年以上）	能够带好一条或多条产品线	关注行业和市场机会识别； 具备行业视角和商业洞察力

从 P1 到 P3，是一个产品人不断地积累经验、提升技能的过程，也好比是一场不断"打怪升级"的冒险之旅。让自己的能力变得更强，能够做出更好的产品，从而影响更多的用户，这是每个产品人的共同心愿和期待。但路漫漫其修远兮，让我们带着这份期待，继续开启后面的阅读之旅吧！

第2章 产品规划

2.1 市场分析

市场分析是产品规划的第一步。当你要开始规划某条产品线或者某款产品的时候，市场分析是必不可少的工作，除非你已经非常熟悉这个市场了。可能有人会认为市场分析应该是市场或者销售人员的工作，其实并不是的。因为产品经理所规划的产品最终都需要投放到市场上，所以在项目前期，产品经理对于市场的了解程度，其在产品定义中给该产品在市场上的定位是否准确，都将极大地影响产品后续的市场表现。对于产品经理来说，可以按照本章介绍的方法来进行市场分析的工作，之后，基本上就能做到对于市场的整体格局了然于胸了。

2.1.1 市场容量

产品要进入一个市场或行业，首先需要了解这个市场的容量（或者也叫市场规模、市场潜力）到底有多大。市场容量越大，未来的发展空间才越大。了解了市场规模，也就知道了这门生意的天花板在哪里。一个很小的市场，即便占据100%的市场份额，也依然是小；一个很大的市场，哪怕只占了1%的市场份额，也能产生巨大的营业收入。

所谓市场容量，就是在一定时间里市场对某种产品或劳务的需求总量。

那么市场容量应该如何计算呢？可以分两种情况讨论。

第一种情况是我们比较熟悉的行业，可以尝试自己估算。以洗衣机产品为例：

- 一般每户家庭都有一台洗衣机；

- 根据第七次全国人口普查的结果，我国大约有 5 亿户家庭；

- 如果每台洗衣机只能用一年，那么每年就是 5 亿台的市场容量；

- 但是洗衣机的生命周期不可能只有一年，一般在 5～10 年左右，加上消费升级的改善需求，我们假设其生命周期为 7 年；

- 因此，每年洗衣机的市场容量，则用 5 亿除以 7，约为 7142 万台。

图 2-1 所示为从行业报告中获取到的 2019 年洗衣机的销量数据。从图中我们可以看到洗衣机在 2019 年的全年销量为 6627 万台，和我们估算的已经很接近了。当然这里只是估算，有一些误差是很正常的，量级正确即可。

销量:中国洗衣机	4	当期值	季	1,280.90	万台	2020-03-...	2013-12-...	产业在线	查看 +监…
		当期值	年	6,627.80	万台	2019-12-...	2010-12-...	产业在线	查看 +监…
		当期同比	季	-20.40	%	2020-03-...	2013-12-...	产业在线	查看 +监…
		当期同比	年	1.00	%	2019-12-...	2010-12-...	产业在线	查看 +监…

▲图 2-1　洗衣机产品 2019 年的销量数据

再比如，空调行业的市场规模就一定比洗衣机的市场规模要大。因为一个家庭一般只有一台洗衣机，但可能会有 2～3 台空调。这也是目前以洗衣机为主要产品的小天鹅，和以空调为主要产品的格力之间市值差异巨大的原因之一。

第二种情况是我们是无法根据常识来估算，或者很难估算准确的行业。这时候可以尝试寻找已有的数据信息。比如图 2-1 的洗衣机销量数据，就是来自行业报告。那么行业报告去哪里获取呢？建议不要直接用搜索引擎搜索，这样得到的数据不一定准确，而且效率太低。这里整理汇总了一些行业相关数据的搜索渠道，供读者参考。

（1）研究报告平台：中研普华、发现报告、艾瑞网、酷传、新榜、易观、企鹅智酷等；

（2）数据公司平台：中怡康、第一财经、奥维云网、决策狗、数据通、奥维去网、生意参谋、数据雷达、魔镜等；

（3）可以尝试用 Bing 等搜索引擎搜索"filetype:pdf+关键词（大品类，细分品类）"。

以上提到的搜索渠道，有的可以免费使用，有的需要付费之后才可以使用。如果是付费的情况，一份行业报告的标价一般都在几千到一万多元之间，有些时候还可以砍价。

如果你负责的产品所在的行业有上市公司的话，那就更好办了。我们就可以通过上市公司的"财报"或者"券商研报"来获取行业信息。所谓"券商"，就是经营证券买卖的公司，也叫证券公司。公司财报和券商研报可以通过"萝卜投研"网站获取（图 2-1 的数据就是来自萝卜投研网站）。

还是以洗衣机产品为例来演示。我们先进入萝卜投研的官网，通过搜索引擎搜索"萝卜投研"即可找到。在网站首页的搜索框中输入"洗衣机"词条，单击搜索即可获得相关数据，如图 2-2 所示。

指标项名称		统计方式	频度	最新值	单位	最新数据日期	起始数据日期	来源	操作
产量:中国洗衣机	4	当期值	季	1,261.70	万台	2020-03-…	2000-12-…	产业在线	查看 +监
内销:中国洗衣机	4	当期值	季	852.50	万台	2020-03-…	2013-12-…	产业在线	查看 +监
销量:中国洗衣机	4	当期值	季	1,280.90	万台	2020-03-…	2013-12-…	产业在线	查看 +监
库存:中国洗衣机	4	当期值	季	175.40	万台	2020-03-…	2013-12-…	产业在线	查看 +监
出口量:中国洗衣机	4	当期值	季	428.30	万台	2020-03-…	2013-12-…	产业在线	查看 +监
产量:洗衣机电机	2	当期值	年	11,507.20	万台	2018-12-…	2012-12-…	产业在线	查看 +监

▲图 2-2　在"萝卜投研"网站的首页搜索"洗衣机"

再单击"券商研报"，就可以看到很多优质的洗衣机行业的研究报告，如图 2-3 所示。可以优先选择阅读"时间最近、深度研究、页数较多"的报告，也可以下载到本地来阅读。研报里面除了市场容量等数据之外，还有很多高质量的行业观点可供参考，可以帮助我们在市场分析环节中形成自己的观点。

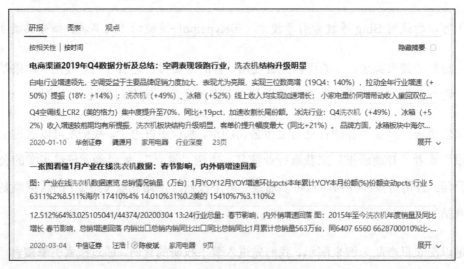

▲图 2-3　洗衣机行业的研究报告

2.1.2　市场增长率

如果说市场容量意味着从"静态"的角度来看该市场的蛋糕是大还是小，那么市场增长率则是从"动态"的角度来看，这块蛋糕的历史以及未来的增长变化情况。

所谓市场增长率，指的是产品或劳务的市场销售量或销售额在比较期内的增长率。

运用前文提到的工具和方法，可以搜索到洗衣机的市场增长率数据如图 2-4 所示。

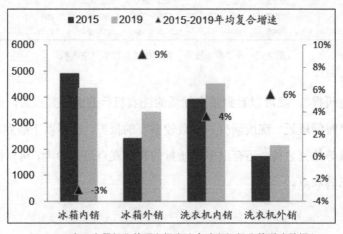

▲图 2-4　家用电器行业的研究报告（含洗衣机行业的增速数据）

市场容量和增长率，是从"静态"和"动态"两个方面对市场蛋糕的描述，二者需要结合起来使用。我们把"市场容量"按照从小到大作为横坐标，把"增长率"按照从低到高作为纵坐标，可以切割出图 2-5 所示的二维四象限坐标图，每一个象限对应着不同的市场属性。

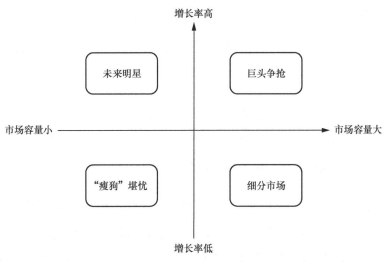

▲图 2-5 "市场容量"和"增长率"的二维四象限坐标图

第一象限（巨头争抢）：市场容量大，增长率高。"双高"的特性非常直观地显示了这是个优秀的行业，因此也必然会吸引市场上优秀的巨头公司参与其中。比如当前的 5G、人工智能、云计算、物联网等都属于这种类型的行业，吸引了阿里、腾讯、华为、百度等一众巨头公司砸重金投入。第一象限看上去是非常好，但是也要结合企业自身的能力来判断是否适合进入。

第二象限（未来明星）：市场容量小，增长率高。这个类型的市场，虽然当前市场容量不大，但因为它具备了比较高的增长率，因此可以预判到未来的市场容量将会逐步放大，属于具备"未来明星"潜质的行业。这类行业最适合中小型企业切入，抓住风口机会就可以迅速将企业的业务规模做大。典型的例子是扫地机器人行业。从图 2-6 所示的扫地机器人行业的增长数据中可以看到，从 2010 年起扫地机器人行业开始初具规模，随后几年销量上涨的趋势非常明显。小米生态链企业之一的"石头科技"正是抓住了这一行业增长趋势，迅速做大并最终成功在科创板 IPO 上市。

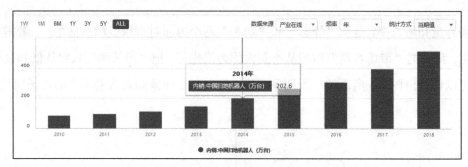

第三象限（"瘦狗"堪忧）：市场容量小，增长率低，这种类型的市场中的产品在业内被称为"瘦狗产品"。该类市场"双低"的属性已经证明了此类市场如同鸡肋，食之无味。投入精力在此类行业中的机会成本太高，应当果断舍弃。

第四象限（细分市场）：市场容量大，增长率低。该类市场虽然市场容量大，但增长率低，说明了该行业已经发展了相当长的一段时间，逐渐进入平缓期、回调期甚至下滑期。从趋势判断，如果是缓慢增长或者只是暂时回调，那么仍然可以进入；如果已经处于下滑期，则应该考虑避开，如果已经进入了也应该考虑及时止损。经过相当长一段时间的发展之后，该行业内很可能已经有了一些玩家，较为稳定地分割了市场，竞争格局已经趋于稳定。新玩家进入此类市场，如果没有很强的品牌、成本、效率优势的话，那么需要注意避开正面战场，从差异化的细分市场来侧面切入，先站稳脚跟，然后再逐步转移到正面战场。

对于大多数的产品经理来说，在这 4 个象限里面，工作中更可能碰到的会是第四象限（细分市场）。因为"巨头争抢"的抢不过，"未来明星"的机会少，"瘦狗堪忧"的不会去碰，所以就只剩下"细分市场"了。这个也很好理解，在激烈的竞争环境中，"未来明星"就好比低垂的果实，而低垂的果实很快就会被摘完，摘完之后就只剩下高高挂在树顶的果子了，于是就进入了"细分市场"的境况。

2.1.3　不同地区市场对比

除了从增长率的"时间维度"对市场容量做动态的分析之外，还可以通过"空间维度"的不同地区市场数据对比来进一步分析。当前中国正处于消费升级的大周期，人均 GDP 已经突破了一万美元的大关，但仍然属于发展中国家，人均收入水平相比于发达国家仍有较大差距。从这个方面来讲，发达国家的现在有可能就是我们的未来。所以通过对比不同区域市场的数据，我们相当于掌握了时间机器，获得了前置信息，从而能够从侧面来判断中国市场的未来发展趋势。

如图 2-7 所示，当前中国市场空气净化器的市场渗透率仅为 2% 左右，远低于美国的 27%、日本的 38%、欧洲的 40% 和韩国的 70%，因此我们可以定性地判断出，随着中国中高收入水平人群的比例持续提升，未来中国市场中空气净化器的市场渗透率和市场规模有较大的发展空间，可以较为乐观地看待。当然除此之外，也需要结合具体的产品品类、具体的市场环境来分析。例如曾经有一段时间空气净化器行业快速发展，是因为国内整体空气质量不够好，以及"沙尘暴""雾霾"等客观因素。而随着我国空气质量的改善，2020 年我国空气净化器的市场规模为 62.6 亿元，同比下降了 30.9%，并且 2019 年相比于 2018 年也是下降。因此，国内外的市场数据对比可以作为评估的参考依据之一，但无法从一个单一因素就得出一个确定性的结论。

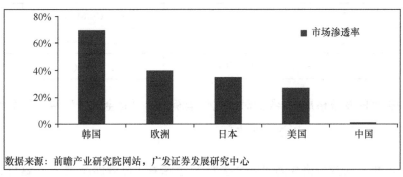

数据来源：前瞻产业研究院网站，广发证券发展研究中心

▲图 2-7　空气净化器产品的市场渗透率对比

同样的，既然我们可以拿欧美市场的数据和中国市场的作对比，那么也可以将中国市场的数据和亚非拉地区的市场数据作对比。不同市场处于不同的发展阶段，也面向了不同属性的用户、需求、文化、地理环境等。同样的产品在不同环境中可能会有完全不同的产品形态和市场表现，将它们进行横向对比，有时候也能够获得一些有益的启发。

2.1.4　竞争格局

我们在一家公司工作的时候，"市场容量"就相当于我们的晋升天花板，晋升空间当然是越大越好；而"竞争格局"就好比和我们竞聘同一晋升岗位的其他同事，当然也是希望竞争对手能够越少越好、竞争对手越弱越好。行业的竞争格局，影响着行业能否为企业提供稳定的生存环境，也影响着企业是否能够基业长青。那么怎么判断行业的竞争格局到底如何呢？这里介绍一个叫作"市场集中度"的概念。

"市场集中度"指的是该行业内市场占有率（简称市占率）排名前几位的企业的市占率之和，用符号"CR（n）"来表示。其中"CR"指的是集中度（Concentration Rate），"n"指的是企业的数量。例如"CR（4）"意思就是行业内排名前四的企业的市场占有率之和。

我们可以通过"行业内的企业数量"和"市场集中度"这两个指标，来定性地判断行业处于哪种竞争格局。企业数量、市场集中度和竞争格局的关系，可以总结如表 2-1 所示。

表 2-1　竞争格局与市场集中度的关系

竞争格局	企业数量	CR(4)	CR(8)	竞争程度
完全竞争	很多	CR(4)<20%	CR(8)<30%	激烈
垄断竞争	较多	20%≤CR(4)<40%	30%≤CR(8)<50%	强
寡头垄断	很少	40%≤CR(4)<70%	50%≤CR(8)<85%	较弱
完全垄断	几个	70%≤CR(4)	85%≤CR(8)	弱

在这 4 种类型的竞争格局中，我们对"完全垄断"和"完全竞争"两个类型的市场进行分析。另外两种竞争格局，则介于这二者之间。

行业集中度极高的竞争格局为"完全垄断"，意味着"品牌即品类"。在这种状态下，用户购买该品类的产品时可能不会直接搜索品类的名称，而是直接搜索品牌的名称，这也正是"好的品牌自带流量"的真实写照。如果碰到这类竞争格局的行业，企业需要谨慎进入，因为竞争的壁垒很大。例如在乳制品行业，伊利、蒙牛两家公司的市占率就超过 40%，有些消费者在线上或者线下买牛奶，可能就是直接找伊利、蒙牛的牌子，而不是在搜索框里搜索"牛奶"。

相反，行业集中度极低的竞争格局为"完全竞争"，意味着该行业"有品类无品牌"，即所谓的"蚂蚁市场"。例如"毛巾"就是一个典型的有品类无品牌的行业。这类行业进入的机会反而更大，更有可能做出爆款产品。

　　"蚂蚁市场"是由小米科技的联合创始人、高级副总裁刘德提出来的概念，这是一个很生动的比喻，在这个市场里面，玩家既多又小，即便行业第一的市占率可能都不超过5%，就好像一群蚂蚁一样。蚂蚁市场对于新入局玩家来说是件好事，但对于消费者来说就不是了，因为蚂蚁市场总是带着以下几种特征。

　　第一，没有品牌。蚂蚁市场中的玩家们给消费者提供的产品基本是同质化的，彼此之间很难拉开什么差距。这种产品一般单价也比较低，消费者选购的时候品牌无法成为影响决策的关键因素，因为还没有能够一统江湖的选手，品牌在消费者心智中没有建立起来。

　　第二，没有标准。这类产品一般没有消费者可感知的明确标准，市场中众玩家也是各自为战，消费者难以建立起对于产品价格以及品质的明确认知。

　　第三，没有创新。这类产品往往技术门槛比较低，即便某家企业做了一些小创新，也很容易就被同行快速地模仿和复制，长此以往大家都失去了创新的动力。当创新无法作为竞争的武器时，市场就会陷入价格战的低水平竞争。因此蚂蚁市场中很难出现高性价比的优质产品。

　　但也正是蚂蚁市场的这些特征，给新入局的玩家带来了机会，即蚂蚁市场中存在的问题，就是切入该市场的突破口。

　　第一，用品牌颠覆市场。蚂蚁市场中玩家实力通常不会太强，要做到通过品牌颠覆市场，需要具备比他们更强的渠道管理能力和成本控制能力。通过优秀的渠道管理和成本控制，尽快地铺开渠道，短时间内占领消费者的心智，持续扩大市场份额，避免给小玩家模仿抄袭的机会。然后用足够大的销售规模，反过来降低成本、稳定供应链。一旦品牌形成，就和"蚂蚁们"拉开了差距。

　　第二，快节奏创新。如果一次创新容易被同行快速模仿，那么就需要用持续不断的快节奏创新来保持竞争优势，直到品牌心智建立完成。

　　第三，做高性价比的产品。蚂蚁市场中的产品要么"低价低质"，要么"高价中质"，因此"低价中质"和"中价高质"的高性价比产品定位就是产品突围的机会所在。

2.1.5　市场细分

在市场容量的全量蛋糕中，不同的产品定位，决定着产品能吃下市场的哪块蛋糕。不同的蛋糕意味着不同的细分市场。尤其在第四象限（细分市场）的市场类型中，做好差异化的市场细分尤为重要。没有明确定位的，或者想吃下全量蛋糕的，往往产品的特点、竞争力都不强，也反而不容易为用户所接受。想要产品的各个方面都完美，结果要么就是产品的各个方面都普通，要么就是产品的成本失控。

假如某款产品 2022 年的市场容量为 50 亿元，那么我们可以直接拿这个数字作为业务目标吗？当然不行，因为这是全量市场的数据，中间包含了众多玩家以及众多产品。不同的玩家和产品，都有着各自相对稳定的市场地位，守护着自己的一亩三分地。在确定好自己的产品定位的前提下，还需要再进行一层或多层的细分，细分之后的市场，才是你所规划的产品真正的目标市场。

"市场细分"的概念，最早是由美国市场学家温德尔·史密斯在 1956 年提出来的。

"市场细分"指的是按照消费者的需求把整体市场划分为若干个具有共同特征的子市场，相当于把"大蛋糕"切分成若干块"小蛋糕"，每一块小蛋糕对应的消费者就是细分的目标消费群。相对于总体市场的"大众群体"，这群消费者被称为细分市场的"分众群体"。

我们先看看市场细分的两种极端情况，一种情况是"完全市场细分"，即每一个目标受众都是独立的子市场，这种情况较为罕见。例如制造飞机的企业，每个航空公司的需求可能都不太一样，而因为飞机制造业产品复杂、产品的客单价高、行业内企业数量较少，所以存在为每个客户定制产品的可能。另一种情况是"无市场细分"，指的是整个行业已经是最小的颗粒度，无法再进一步细分为子市场。当然在绝大多数的情况下，市场都是可以做进一步细分的。

那我们为什么要做市场细分呢？首先，从产品的角度来看，在大多数情况下，是很难做到一款产品就能够吃下整个行业的，所以如果不做市场细分的话，产品定义也就无从谈起。其次，从企业的角度来看，企业的资源总是有限的，没办法一次性投入所有的细分市场中，因此需要经过市场细分的分析之后，选择其中最佳的切入点、性价比最高的子市场来做投入。最后，选定了细分市场，有利于企业快速地、针对性地了解该细分市场的市场信息和市场反馈，有助于市场营销策略的制定，也有利于集中人力、物力投入目标市场，提高企业的经营效率。

那么具体应该怎么做市场细分呢？或者说，应该基于什么样的"维度"来做市场细分呢？常用的"细分维度"包括地理因素、人口因素、心理因素和行为因素。

第一是地理因素。地理因素包括国家、地区、城市规模、地理特征、人口密度等方面。例如中国市场、美国市场、东南亚市场，或者一线城市、二线城市、三线城市，或者东部、西部、南方、北方，不同地理环境下的消费者属性是有差异的。例如做香皂产品，考虑到不同地区的人们洗浴习惯各不相同，地理因素就需要列入重点考虑。

第二是人口因素。人口因素按照人口的"社会学特征"来分类，例如年龄、性别、家庭人数、家庭发展阶段、收入、职业、教育程度等。举些例子，"手表"这类产品按照"性别"划分，就有了细分出来的"男表"和"女表"；按照"年龄"划分，又可以细分出来"儿童手表"这个子品类。

第三是心理因素。心理因素体现在"生活方式、社会阶层、个性以及偏好"等方面。"生活方式"和"社会阶层"，和人口因素中的收入、职业、教育程度等相关。"个性"是在市场细分中被较多使用的心理因素，如"啤酒"这款产品，不同品牌在营销和定位上的差异化策略，主要就是在消费者"个性"上做区分。例如有通过"不博不精彩"强调"拼搏精神"的力波啤酒，有通过"喝贝克，听自己的"强调"自我意识"的贝克啤酒，有通过"勇闯天涯"强调"进取精神"的雪花啤酒，也有通过"激情无处不在"强调"享受激情"的青岛啤酒。"偏好"指的是消费者偏向于某一方面的喜好，例如有的用户喜欢轻奢的、有的喜欢典雅的、有的喜欢摇滚的等。

第四是行为因素。行为因素又包括了"时机"和"利益"两个方面。"时机"指的是消费者在特定时间段就会产生强烈的购买需求。如新居装修阶段会产生大量家电家具的购买需求，开学阶段会有大量文具的购买需求，假期阶段又会有大量旅游产品的购买需求等。企业在对于时机属性比较强的产品营销上，要注意基于用户的使用场景和时间因素来强化营销上的针对性。"利益"指的是不同的用户对于产品给用户提供的各种收益，提出的利益诉求是不一样的。

有的人认为产品只要"够用就好",追求极致性价比,就会比较容易成为小米品牌的忠实用户。有的人追求高品质产品给自己带来的额外加持,就会热衷于去购买"凡勃伦"商品,以满足虚拟自我,"不求最好只求最贵"。再比如对于汽车产品,用户如果追求"操控"体验的话就会倾向于购买宝马品牌的汽车,如果追求"舒适"体验的话就会倾向于购买奔驰品牌的,如果追求"安全"体验的话就会倾向于购买沃尔沃品牌的。

2.1.6 价格段拆分

每个品类的产品都会有价格从高到低的不同价格段,可以根据该品类的具体情况,来做合理的价格段拆分。一方面,通过不同价格段"成交数量"(或"成交金额")的统计数据,可以判断出来主流用户的购买预算的大概范围。这里要注意的是,价格段主要看价格的分布情况,而不需要太在意整体的价格平均值,因为整体平均值基本无法体现什么有价值的信息。另一方面,可以通过竞品在不同价格段中的分布情况,尝试推敲出来一些细分机会点。

更为重要的是,进行价格段拆分这个动作,可以帮助我们形成"产品组合"的概念,以及对产品组合中的每一款产品分别做好产品定位。表 2-2 所示为对某款产品进行价格段拆分,如对<150 元、150~500 元、500~1000 元、1000~2000 元、>2000 元这 5 个价格段来分别进行分析。通过每个价格段的销售额和销售量的统计数据,我们可以判断出在哪个价格段位的市场容量最大,哪个价格段值得优先布局产品,每个价格段中的竞争对手分布情况如何,如何根据每个价格段的竞争对手和产品定位情况打造自己的产品竞争力。

表 2-2 价格段拆分表格示意

价格段	<150 元	150~500 元	500~1000 元	1000~2000 元	>2000 元
市场容量(销售额)					
市场容量(销售量)					
价格段均价					

假如我们统计完数据后发现,该品类产品 70%的销售都落在了 150~500 元这个价位段之内,而其他的价格段范围都寥寥无几,那么我们应该继续进行如下研究。

（1）150～500 元毫无疑问属于主流价位段，用户对于该品类产品的价格认知、购买预算都基本落在这个范围之内，如果没其他特殊情况应该优先考虑做这个价位段的产品。

（2）分析这个价位段之内的竞争对手分布如何，竞争格局怎样，是否非常激烈。

（3）分析竞争对手在这个价格段之内的产品布局如何，我们进入是否能做得更好，如果可以就要果断进入。我们都知道，捕鱼要到鱼多的池塘里去捕捞，如果我们的捕鱼工具比别人还好的话，那就更好了。

（4）如果在这个价位段之内，竞争对手已经做得非常好了，我们进入也完全没有任何优势，最多只能做个同质化的产品出来的话，那么就考虑退而求其次，找一个次主流价格段再分析一次。所以有时候主流市场不是不想干，而是干不过。

（5）假如公司定位是做高端的产品和品牌形象，那么可以把价格定位在比主流价位段高一到两阶的位置，这样是比较合适的，高两阶以上一般就可能超出用户对于该品类产品的价格认知了。

（6）假如公司是定位做高性价比的产品和品牌形象，那么可以把价格定位在主流价位段，或者比主流价位段低一阶的位置，这样是比较合适的。

如果我们认真仔细地经过了"市场容量""市场增长率""不同地区市场对比""竞争格局""市场细分""价格段拆分"这六个步骤来做市场分析的话，相信即便是面对一个新接触的行业和市场，对于该市场的认识和理解也能够达到一个比较深入的水平了。

2.2 用户研究

2.2.1 用户画像

在了解"用户需求"之前，我们先来了解一下什么是"用户"，以及厘清"用户"和"客户"两个概念之间有什么区别。"用户"和"客户"这两个概念比较容易混淆，我们看看这两个概念的定义。

"客户"指的是服务的请求方和支付者。

"用户"指的是产品和服务的使用者。

当支付者和使用者是同一个人的时候，客户同时也就是用户；而当支付者和使用者不是同一个人的时候，客户就不是用户。例如婴幼儿产品，支付者往往是家长，而使用者是小孩，此时家长为客户，小孩为用户。在多数情况下，我们应该重点关注用户而非客户；只有在少数情况下（例如婴幼儿产品），也要同时考虑客户这个支付者的购买决策因素。这里只重点分析"用户"。

"用户"是一个抽象的概念，因此需要"用户画像"来将抽象的用户概念具象化。当你能够想象你所面对着的是一个立体的、活生生的用户时，就能更加明确用户的真实诉求，为后续的产品定义提供决策依据。

"用户画像"的内容包括：年龄、性别、家庭婚育、职业、收入、地理位置、消费习惯等。那么如何获取这些信息呢？理论上可以通过大规模的用户问卷或用户访谈的方式来获取，但是这种信息获取的成本太高了。这里推荐一个稍微有点粗糙，但性价比比较高的做法：通过"百度指数"来快速地获取这些信息。"百度指数"是以百度平台大数据为基础的数据分享平台，通过百度指数可以研究关键词的搜索趋势，洞察网民的需求变化，监测媒体舆情的趋势，定位数字消费者的特征。

进入"百度指数"官网后，直接在首页的搜索框中输入想要搜索的产品品类关键词，就可以得到如图 2-8 所示的页面。

▲图 2-8 在"百度指数"官网搜索产品关键词

再单击页面上方的"人群画像"标签，就可以看到该产品的用户画像的一些信息了，包括"地理位置""年龄分布""性别分布""兴趣分布"等，如图 2-9 和图 2-10 所示。需要说明的是，这里呈现的结果是使用了百度搜索引擎搜索该关键词的人群的画像信息，而并非实际使用该产品的人群画像信息，但这二者实际上非常接近，在实际应用中基本可以等同看待和使用。

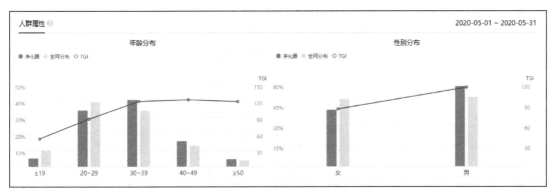

▲图 2-9 人群属性中的"年龄分布"和"性别分布"

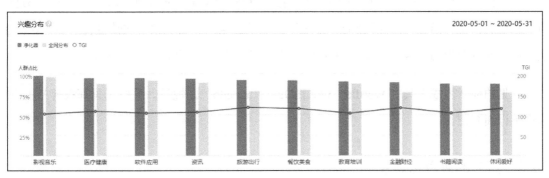

▲图 2-10 人群属性中的"兴趣分布"

用户画像还可以通过视觉上更加直观的方式——词云来呈现。

"词云"，又叫"文字云"，就是由词汇组成类似"云"（或其他图形）的彩色图形。

如图 2-11 所示，我们在很多大型会议现场经常能见到词云。词云本来是一个用于分析"词频"的工具，从功能上来说，可以用来过滤无用的文本，渲染高频的关键词，通过字体大小就能够直观地区分词频。从视觉上来说，一个漂亮的词云，可以为 PPT 等文档增色不少。

▲图 2-11 "脑力工作者"的词云

词云作为一个词频分析工具，也可以应用到用户画像中来。词云中的每一个词语，都是该用户画像的一个"标签"，越重要的"标签"文字就会越大，出现频率次数也会越多。这样观众就可以通过图形的外观以及图形中的关键词来一眼判断出大致的用户画像了。

常见的词云生成工具有 Wordle、WordItOut、Tagxedo、图悦等，这些工具都很容易上手，这里不详细介绍。

2.2.2 用户的通用化需求

产品存在的价值就是为了满足用户的需求。那么所谓的"用户需求"，是什么呢？

"用户需求"描述的是用户的目标，即希望产品能够完成的任务或者提供的价值。

1.1.2 节中提到过"产品力=用户收益÷用户代价"。该公式中的"用户收益"基本上反映的就是用户的需求。

我们也可以从另外一个角度来理解"用户需求"。在用户需求被满足之前，我们称之为"状态 A"；用户需求被满足之后，我们称之为"状态 B"。如果用户有一种意愿或冲动，想要从"状态 A" 转变为 "状态 B"，并且愿意为之付出一定的代价，这种意愿就可以称之为 "需求"。举例如表 2-3 所示。

表 2-3 不同产品对应的 "状态 A" 和 "状态 B"

产品	状态 A	状态 B
面膜	面部水分少	面部水分充足
洗衣机	一桶脏衣服	一桶干净的衣服
吹风机	潮湿的头发	干爽的头发
抖音	无聊的时光	娱乐的时光
烤箱	生食物	美味食物
整容	不够美丽的自己	美丽且充满自信的自己

类似表 2-3 中的例子，还有很多。将这些例子总结起来，就可以给不同的需求做出分类，即 "痛点" "痒点" 和 "爽点"。

"痛点" 意味着用户的某个需求点足够 "痛"，是尚未被满足的，而又被广泛渴望的需求。痛点需求往往又叫作 "刚需"，意思是，从 "状态 A" 到 "状态 B" 的转变意愿极度强烈，用户愿意花费较高的代价去满足它。只要满足这个特征的需求，我们都可以称之为 "痛点"。需要注意的是，一个用户的痛点，对于另外一个用户来说可能什么都不是，好比 "汝之蜜糖，彼之砒霜"。例如有的人对自己的外貌很不自信，非常希望通过 "整容服务" 这个产品来让自己变得颜值更高从而恢复自信，这时候整容服务对他来说就是能够解决他的痛点问题的产品。但整容服务对于马云来说可能就不是刚需产品，他的长相虽然比较一般，但却丝毫掩盖不住他强大的个人气场和魅力。

"爽点" 意味着某个需求被满足之后，用户的情绪特征是 "非常爽" 的感觉。例如用户观看短视频的时候，心里总是期待着下一条短视频会更精彩，而这个期待也在一次次地被即时满足；用户被满足之后能够促进大脑分泌 "多巴胺" 等化学物质，这正是 "爽" 的生理来源。进行产品设计的时候，如果抓准了用户的 "爽点"，就能很容易地设计出让用户 "上瘾" 的产品机制，通过不断地提供 "爽" 的感觉让用户一直沉溺其中。爽点设计更多地被应用在互联网产品中，尤其是 "游戏" 类产品。

"痒点"是满足用户的虚拟自我，直白地说就是产品要能帮用户"装"，在他人面前起到炫耀的效果。满足痒点的代表产品之一为"奢侈品"。用户购买限量款的包，有多少是为了包包"装东西"的功能，又有多少是为了它的品牌 Logo 呢？尤其是入门级的奢侈品，会更多地以痒点设计为核心。不知道大家有没有发现一个现象：奢侈品牌的入门级产品，产品上的品牌Logo 通常设计得比该品牌中更高级的产品的 Logo 更大。比如 LV 的包，一般来说价格越便宜的款型其 Logo 往往越大，价格越贵的款型其 Logo 反而越小。再比如奔驰 C 级轿车的 Logo 也会比奔驰 E 级和奔驰 S 级的大，其中的道理也是类似的。以上产品的设计思路都是为了服务于用户的"痒点"。

回到硬件产品上，我们应该怎样将"痒点"的逻辑应用到产品设计中呢？思路还是应当围绕着怎样帮助用户去"炫耀"。把产品做得足够漂亮就是一种方式，毕竟现在有些人崇尚"颜值即正义"的理念。产品的颜值高到了一定的程度，就会有用户愿意拍照发朋友圈。用户发朋友圈的潜台词是"我是一个很有品位的人，买了颜值这么高的产品"，这满足了他的虚拟自我。而用户的分享行为对于产品的传播和销售能够起到强大的推动作用。

举一个"石头科技"巧妙应用"痒点"进行产品设计的例子。石头科技是做扫地机器人产品的，它通过 APP 上的一个小小的设计，让用户分享传播的比例提高了好几倍。我们都知道，扫地机器人是帮助用户在家里智能扫地的，那么扫地这件事情有什么值得分享的呢？

通过"百度指数"可以发现，扫地机器人的用户画像是：地理分布主要在东部沿海一线城市，年龄分布集中在 20～39 岁之间。东部沿海城市的房价较高，20～39 岁的用户则大多是首次购房。好不容易花了几百万买了房子总得"找个机会"炫耀炫耀吧，恰好扫地机器人和房子正好相关，其中的软件算法能够计算出房子的面积。因此扫地机器人完成了扫地任务之后，软件在最后的分享页面中添加了"房屋面积"的数据，展示了扫地机器人帮你清扫了多少面积的房子。软件帮用户炫耀了几百万的房子，用户帮软件宣传了自家品牌的扫地机器人，互利互惠、皆大欢喜。

本节介绍了"痛点""爽点""痒点"这三种通用化需求，总结如下。

（1）"痛点"影响"根本"，决定了用户用不用。

（2）"爽点"影响"黏性"，决定了用户用多久。

（3）"痒点"影响"传播"，决定了用户愿不愿意让别人知道自己在用。

其中"痛点"是这三者之中最为重要的。一款产品只有具备了解决某种痛点需求的能力，才可以说具备了成为爆款产品的可能性。如果一个产品涉及多种需求，那么可以从需求的"强度"和"频度"两个维度，绘制一幅二维四象限的坐标图，来确定需求的优先级，如图 2-12 所示。

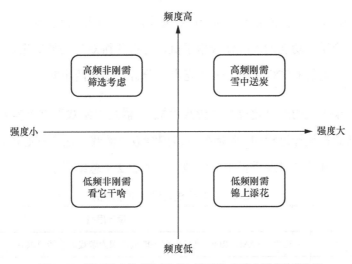

▲图 2-12 通过需求的"强度"和"频度"来确定需求的优先级

图 2-12 中将需求分为"高频刚需""低频刚需""高频非刚需"和"低频非刚需"四类，对于每一类需求我们可以采取以下的策略。

（1）高频刚需：属于"雪中送炭型"需求，必须优先解决。

（2）低频刚需：属于"锦上添花型"需求，需要慎重考虑。

（3）高频非刚需：筛选后予以考虑。

（4）低频非刚需：不予考虑。

当项目资源有冲突的时候，优先满足雪中送炭型需求，再考虑锦上添花型需求，最后才是高频非刚需的需求，低频非刚需的则不予考虑。

2.2.3　用户的差异化需求

一个产品往往不止满足一个用户需求，或者说一个产品是若干个用户需求的集合。一些简单的产品，比如"笔"，基本就是用来写字的，满足"写字"的一种需求。复杂的产品，比如"手机"，则满足了非常多的用户需求，如通话、视频、音乐、娱乐、游戏、社交等。在众多需求中，产品经理和企业倾注了多少资源，重点去满足哪些需求，决定了不同产品的差异化定位。以手机为例，在当前竞争非常激烈的手机红海市场中，可以看到一些差异化设计思路的手机产品，如主打"音乐"功能的 VIVO 音乐手机，主打"游戏"功能的黑鲨、红魔游戏手机，主打"快速充电"功能的 OPPO 手机——"充电五分钟，通话两小时"。

举例来说，如果手机的产品定位是"游戏手机"，满足"游戏"这个差异化需求的话，那么在它的产品各要素的设计过程中，就需要尽量围绕着"游戏"这个核心场景来进行设计，因此会存在一些和设计其他的普通手机不同的地方，如表 2-4 总结所示。

表 2-4　游戏手机的设计思路示例

要素	设计思路
性能	主芯片、RAM、ROM 硬件配置不能低，因为游戏对性能要求高
散热	长时间游戏容易导致手机发热，影响游戏体验，因此散热性能需要着重考虑
续航	游戏是消耗手机电量的大户，因此电池容量得够大，充电速度也要够快
网络	网络延时会严重影响游戏的体验，需要考虑 X 天线、4 天线 Wi-Fi 布局
震感	震感能为游戏体验带来更强的沉浸感
声光	声音效果、灯光效果，这些都是游戏手机需要特殊考虑的要素

在 2.1 节"市场分析"中提到过，若"市场容量高，市场增长率低"，则意味着行业内已经有大玩家，此时进入市场需要采用差异化的产品策略。手机行业就属于市场容量高、市场增长率低的市场。音乐手机、游戏手机、拍照手机，都是厂商们寻找差异化竞争优势的策略。

提到"拍照手机"，不得不提到被称为"非洲之王"的手机品牌——TECNO。这是一家来自中国的企业，公司的名字是"传音"。相比于国内成百上千的手机品牌的激烈竞争，传音公司另辟蹊径，在非洲市场找到了新的蓝海。传音把用户差异化需求的设计理念发挥到了极致，很好地满足了非洲用户的两个大的差异化需求——"自拍"和"音乐"，尤其是前者。众所周知非洲人民的肤色很深，特别是在环境光照不足的情况下拍照效果不尽如人意。传音引入了"美颜"技术，成功地通过手机帮助非洲用户解决了因肤色较深而带来的自拍难题。如此贴心的功能设计，"痛点"和"痒点"一箭双雕。

另外，非洲当地人通常会把音乐的声音调得很大，大到甚至让人感受到周围空气的振动，并且随着音乐的节奏唱歌跳舞。基于对非洲用户需求的把握，TECNO 手机在设计过程中，加大手机扬声器的功率、赠送头戴式耳机、通过在手机上画"M"形就可以开始播放音乐……这些设计点，都是为了让用户的音乐体验达到最佳。因此，当我们知道传音手机在非洲竟然占据了大约一半的市场份额，也就没有那么惊讶了。

那么，如何寻找和挖掘用户的差异化需求？是否有通用的方法可循呢？可以试着从"用户体验地图"中发现一些创新机会点（这里的创新，指的是"微创新"而非"突破性创新"）。

用户从认识产品开始，到最终使用完产品的全过程，可以称之为"用户体验地图"（如图 1-1 所示，也可称之为"用户使用路径"）。对于硬件产品，用户体验地图可以粗略地划分为认知阶段、选购阶段、配送阶段、开箱阶段、使用阶段和维护阶段，如图 2-13 所示。用户体验地图的拆解颗粒度可粗可细，可以按照自己的需要来调节颗粒度。下面我们逐个阶段进行分析。

▲图 2-13　硬件产品的用户体验地图

1. 认知阶段

这个阶段和产品营销相关，用户在这个阶段的角色属性是"受众"，接受企业从各种传播渠道传递出来的营销信息。用户在挑选、购买商品之前，会通过多种方式了解产品的相关信息，例如电视广告、户外招牌、公交站台广告、大巴车身广告、电梯广告、路边传单、搜索引擎、电商页面、朋友圈软文、口口相传等。用户在"受众"阶段的时候，会有两个特征：第一是"茫然"，第二是"遗忘"。

"茫然"是因为用户对没使用过的新产品没有概念，难以对企业传播出来的信息投入注意力，因此对于产品的广告内容就要求能够迅速抓住用户的注意力。要想抓住用户的注意力，内容就必须和消费者价值直接相关，直接给予消费者"买点"，而非给予产品"卖点"。例如"胃痛、胃酸、胃胀，请用斯达舒胶囊"这个广告语，如果用户正处于胃痛、胃酸、胃胀的困扰中，就能够迅速地抓住用户的注意力，因为广告直接地给出了一个解决方案。另外，这句广告语用的是买点视角，如果是卖点视角的话，广告语就可能变成"斯达舒胶囊专治胃痛、胃酸、胃胀，效果好"之类的。视角一变，和用户的距离感一下子就拉开了。从买点视角考虑，就如同站在用户的角度来思考，更容易产出击中用户需求点的内容。

"受众"阶段的另外一个特征是"遗忘"。"遗忘"的意思是哪怕这次将用户从"茫然"中唤醒了，但用户的记忆就像鱼一样只有七秒，很快就又忘记了。对抗遗忘的最好方式就是"重复"，通过重复不断地加深产品在用户心中的印象。除了重复之外，现在越来越多的广告还植入了歌曲，因为歌曲更不容易被忘记。记得在看《奔跑吧兄弟》节目的时候，仅仅听了几次拼多多的广告歌"拼多多，拼多多，拼得多，省得多，要拼就要就要拼多多，每天随时随地拼多多，拼多多……"之后，这个旋律就在我的脑海中一直挥之不去。

综上所述，用户的认知阶段主要和产品营销相关，和产品设计并没有太大的关系。

2. 选购阶段

购买前的用户是"受众"，购买中的用户角色就转变为了"选购者"，也就是购买场景中的信息搜寻者。购买场景包括两种：一种是"线下场景"，另一种是"线上场景"。

"线下场景"因为其客观的物理属性，用华与华营销咨询有限公司创始人华杉的话来说就是：商品本身就是信息，包装就是媒体，货架就是广告位。因此商品本身就需要能够在同一货架上的众多竞争产品中脱颖而出，通过包装设计在货架上迅速地抓住消费者的眼球。例如图 2-14 所示的"厨邦酱油"，瓶身采用了"餐桌布"元素的设计，直接击中了用户的潜意识，用户不需要经过思考就能认识到这个产品和"做饭""吃"相关，从远处看起来一排产品堆放在一起也很有辨识度。包装设计在完成了"抓住用户眼球"的第一步任务之后，接下来需要继续让用户读取包装上的"媒体"信息。

▲图 2-14 厨邦酱油

　　用户到货架前一看，产品包装上写着"厨邦亚热带大晒场，有图有真相，晒足 180 天"，厨邦 Logo 下面也有一行字，"晒出美味晒出鲜"，再拿起来一看，侧面写着"老传统都很笨，酱油就靠太阳晒，晒足 180 天，晒出美味晒出鲜"。用户如果被说服了，就把厨邦酱油放进了自己的购物车里，这就是用户在选购阶段和产品的交互过程。厨邦酱油的餐桌布元素设计，产品卖点的精准提炼，就是它在酱油这种同质化较为严重的产品品类中，为了能够脱颖而出而做出的差异化产品设计。

　　而"线上场景"和线下场景有很大的不同，在线下场景里有货架、有实物、有促销牌、有导购员，用户可以看到产品实物和包装，感兴趣的话还可以把产品拿起来细细研究，也可以和导购员当面咨询交流。而在线上场景里（如京东、天猫、亚马逊等电商平台）用户看不到产品实物，只能通过图片、文字、视频等方式让用户感知产品，传递这些产品信息的主要阵地就是"产品详情页"（或叫"Listing"）。卖家需要在"产品详情页"的有限篇幅之内，尽可能地说服用户完成购买行为，促成"静默成交"，即不需要通过咨询客服就自行成交。

　　我们看电商平台上产品详情页的时候，可以发现详情页所展示的内容，大多是能体现出"用户需求"和"产品定义"之间的对应关系的。据此我们在设计产品的时候，可以通过关注同类产品的"产品详情页"，总结出用户在选购产品阶段时的主要关注点。用户选购产品时的关注点，除了通过竞品详情页来获取之外，也可以通过"QA"（Question and Answer，产品问答）板块来总结获取。图 2-15 是从"京东"平台上截取的一款空调产品的商品问答内容。

▲图 2-15　某空调产品的商品问答

从截图中可以看出，用户的关注点包括了"价格""安装服务""制热功能"等，当然后面的问答还有很多内容。在进行较为全面的数据整理分析（如导出文本后做词频分析）之后，就能清楚得知用户在购买此类产品的时候，所关注的问题点从高到低的优先级排序是怎样的。这些信息对我们后面做产品定义有着重要的参考意义。如果分析过程中发现，用户最为关心的一些问题点，竞品都没有很好地解决，那么这或许就是我们的产品取得差异化优势的突破点了。

3. 配送阶段

"配送阶段"就是把产品送到用户的手中。乍看起来要想在这个阶段挖掘差异化需求，似乎没有多少可发挥的空间，其实不然。这里举一个作者身边的例子——"熊猫不走"蛋糕。

"熊猫不走"创立于 2017 年，是一家以经营生日蛋糕为主，融汇世界各地蛋糕特色于一体的蛋糕电商公司，在短短 4 个月之内就做到了惠州市场品类第一。蛋糕同样也是同质化严重的产品品类，为什么"熊猫不走"蛋糕能够突围而出、迅速做强呢？这是因为"熊猫不走"抓住了"蛋糕"的本质：用户购买蛋糕并不只是为了蛋糕本身，蛋糕本身大多数时候只是起到了"仪式感"的作用。回归到需求的原点来看，用户购买蛋糕是为了"让生日能够过得更快乐"，这才是用户最底层的情感需求。基于这样的认识，"熊猫不走"公司给自身定位的使命是"让每个人的生日都能更快乐"。如果公司目标是向用户销售"快乐"的话，那么"熊猫不走"仅仅依靠"蛋糕"提供的功能价值是不够的。因此，"熊猫不走"从配送环节着手下功夫，在把蛋糕配送给用户的时候，配送的工作人员会穿上熊猫玩偶服装，同时精心地安排一系列的惊喜活动，不仅提供"蛋糕"的功能价值，也差异化地提供"快乐"的情感价值，一下子就和其他蛋糕门店拉开了身位。

4. 开箱阶段

继"认知、选购、配送"之后，产品送到了用户的手上，走到了"开箱"的阶段。

单纯走电商渠道的企业对于包装的重视程度相对更高一些，因为纯电商公司和用户直接接触的机会并不多，也因为这是商家为数不多的可利用的营销机会。把"开箱"当作很重要的一件事情来看待的理念，我们称之为"品牌化包装体验"。

回顾作者亲身经历过的一些开箱体验，有如下几种。

（1）比较低端的，算是用了一点心思的，例如附赠一些感谢信、小礼品、红包邀评。

（2）开箱后看到一些宣传语，例如"为发烧而生""欢迎来到 XX 世界"。

（3）包装盒用了成本较高的"天地盖"，用户拿住"天盖"等"地盖"缓缓掉落的时候，会有一种所谓的"开箱仪式感"。

（4）印象比较深刻的，还是三只松鼠带来的开箱体验。我们知道吃坚果并不是一件非常方便的事情，而三只松鼠在包装内提供了"钳子""果壳袋""湿纸巾""松鼠头夹子""胸针""润口茶"等配件或礼品，基本把吃坚果过程中可能出现的种种不便都考虑到了。这种开箱可能一开始并不算惊艳，但在吃的过程中就能逐渐感受到产品设计的贴心之处。

所谓"品牌化包装体验"，是指仔细考究地选择包装形式和材料来展示产品。包装最原始的功能只是保护产品安全地抵达用户的手中，但由于用户在看到产品之前，会不可避免地先看到包装，因此包装就越来越起到了"门面"的作用。除此之外，优秀的包装设计，根据 Dotcom Distribution 的调研，还能起到两个额外的附加效果。

（1）52%的消费者倾向于在提供了优质包装的在线商家处重复购买产品。

（2）如果产品的包装非常有特色，那么 40%的用户会选择拍照并通过社交媒体分享。

那么，到底是什么因素影响了包装体验呢？无非就是构成包装的物料以及物料之间的结合方式：盒子、包装纸、填充物、贴纸、卡片、胶带、礼品等。不过需要注意的是，要在包装上做到令人惊艳的开箱体验，成本的付出是必不可少的，需要结合产品定位的实际情况来评估是否能够承受，不要把本该花到产品本身的成本全都花到了包装上，否则就是舍本逐末了。

5. 使用阶段

产品经理可以安排一些真实用户，在真实的场景中使用产品，并仔细观察和记录用户的实际使用过程，从场景中发现产品设计可能存在的问题以及后续的改善方案。

海底捞有一款"小火锅"产品，在产品设计的时候就是运用了"现场观察"的方法，才能在产品设计之初就能充分考虑到产品使用过程中可能出现的各种问题。众所周知，海底捞的"服务"是它的核心竞争力，但"小火锅"不是堂食产品，没有服务员可以在旁边提供服务。因为海底捞秉承着卖"吃火锅的服务"而不是卖"火锅"的理念，所以"小火锅"的包装就需要承担起提供服务的职责。然而"小火锅"毕竟不是一个"人"，要想真正能为用户"提供服务"，就必须在产品本身的设计细节上去下功夫。

于是，海底捞聚集了三十多位志愿用户，安排用户试吃市场上在售的自煮火锅产品，试图从中发现可以改善的问题点和微创新的机会。海底捞将所有用户的试吃过程全部用摄像机记录下来，并且将吃火锅的过程切分成了二十几个小步骤，在每个步骤中寻找用户遇到的问题，再针对这些问题点来做出改善设计。

其中有一些让人印象深刻的细节，如下所示。

第一，小火锅的盖子是"内扣"而非"外扣"的（如图 2-16 所示）。我们平时点外卖的汤盒盖子都是外扣的，盖子有多难打开想必大家都有所体会，一不小心太用力了可能还会洒自己一身。而内扣的盖子不仅更好开，也更好关，因为自煮火锅加完料之后还需要合上盖子再焖一会儿。而且内扣的盖子拿起来之后，水蒸气凝结的热水珠会顺着盖子流回碗里，这样就不容易烫伤手。

▲图 2-16　内外扣盖子的示意图（左边是"外扣"，右边是"内扣"）

第二，盒子上设计了多条注水线，分别标有"重辣""中辣"和"微辣"，照顾到了不同辣度口味用户的不同需求。

第三，盒子深度做得比较深，是为了防止沸腾的水溅出烫伤用户。

第四，产品里附赠了垃圾袋，吃完之后垃圾可以随手处理掉。从开始吃到吃完后如何处理垃圾都考虑到了，这才不愧是在做"服务"。

海底捞这个"小火锅"产品相对来说还是比较简单的，都能够玩出这么多花样出来。读者们对于自己所负责的产品，也可以试着把从用户开始使用到结束使用的过程，按照尽可能细的颗粒度来做切片，一个切片一个切片地放大来看，相信一定能够多多少少发现一些问题的改善点，或许还会有不少的意外惊喜在等着你。

6. 维护阶段

维护阶段主要包括收纳、摆放、耗材、售后等，这里不展开叙述。

2.2.4　用户调研

"用户调研"一般在中大型企业中会用得多一些，小型企业一般会略过这一步，或者只做简单的用户调研，毕竟完整的用户调研所花费的成本还是很高的。

下面介绍四类常见的用户调研方法。

如图 2-17 所示，以"定性"和"定量"两种方式作为横坐标的两极，以"讨论"和"场景"两种方式作为纵坐标的两极，画一个二维四象限的坐标图。

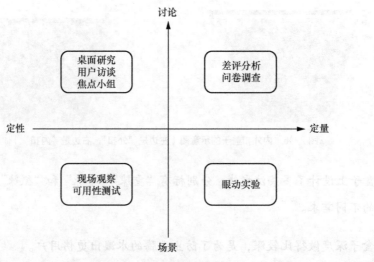

▲图 2-17　常见的四类调研方法

- "定性"：偏重于"创造"想法，通过发散性思考和开放式探索，以"文字"的方式形成记录。

- "定量"：偏重于"验证"想法，通过逻辑性分析和封闭式选择，以"数据"的方式形成记录。

- "讨论"：不置身于产品的实际应用场景中而进行的调研。

- "场景"：置身于产品的实际使用过程中，通过观察、记录的方式进行调研。

接下来分别看看每个象限对应的调研方法。

（1）第一象限："定量"+"讨论"，包括"差评分析"和"问卷调查"两种。

差评分析：如果产品是在电商平台上销售的话，那么用户在平台上留下的评论（如图 2-18 所示）就是分析产品上市后表现情况的绝佳数据。

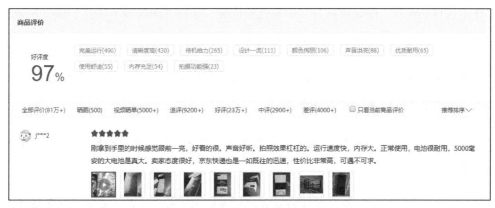

▲图 2-18　京东上的评价

在用户评论中，一般有好评、中评和差评，其中最值得关注的是差评，其次是中评，最后才是好评。因为差评相比于好评，会真实很多，从中能够真正看到用户对产品不满意的地方。分析差评的时候，可以先直接在页面上阅读差评，形成直观的感受。然后通过"八爪鱼"等工具软件，海量抓取数据并存储到本地，进行二次加工和分析，形成量化的结论。

如果产品还没有上市，那么也可以在电商平台上搜索同品类竞品，通过差评分析总结出竞品在哪方面做得不够好，自己的产品在实现过程中是否可以避免这些问题，是否有机会可以超越竞品。也可以通过分析好评，看看哪些地方做到位了用户就会给出好评，从而在自己的产品设计过程中多注意这些方面。

问卷调查：通过详细全面的问卷，让具有代表性的用户回答问题，达到收集信息的目的。线下问卷已经基本不再被采用了，目前的问卷调查基本都是通过线上问卷的方式进行。如果做线上问卷的话，"问卷星"是一个方便好用的问卷设计和发放工具。

（2）第二象限："定性"+"讨论"，包括"桌面研究""用户访谈"和"焦点小组"三种。

桌面研究：通过杂志、书籍、文档、互联网等渠道搜索二手资料来进行研究，而非通过实地调研等方式来获得一手资料。通俗地说，就是"坐在办公位上、对着计算机的研究"，这是最基础的但也是必需的调研方式。

用户访谈：这是快速获取用户反馈的一种方式，通过"访谈"可以深入地了解用户对于产品及其使用过程的看法，比如哪些方面印象比较深刻、哪些方面比较不满意、哪些方面还需要如何优化改进等。用户访谈的常规步骤一般如下。

第 1 步：找到目标用户来作为访谈对象，访谈对象可以基于 2.2.1 节中介绍的"用户画像"进行筛选，数量在 5～10 人一般就足够了。

第 2 步：和用户约定好时间、地点（如果线下不方便的话也可以约线上），并了解对方的配合意愿度。

第 3 步：设定访谈目标，访谈要达到的目标不宜过于宽泛，而应结合产品的实际情况尽可能地"具体"。

第 4 步：设定访谈提纲，草拟一些聚焦且开放的问题。做完这些准备之后，就可以开始用户访谈了。

焦点小组：焦点小组和用户访谈类似，又称"集体访问"。如果说用户访谈是和用户"单独对话"，那么焦点小组就是和若干个用户的"集体对话"。小组访谈和个人访谈相比，得到的结果会更加地充分和全面，因为除了访谈者和用户之间的交流之外，用户与用户之间也会有相互探讨的过程。

（3）第三象限："定性"＋"场景"，包括"现场观察"和"可用性测试"两种。

现场观察：深入用户使用产品的真实场景中，在一旁进行观察，记录用户在产品使用过程中一切有价值的信息。这里有两点需要注意，一是"真实使用了产品"，二是"在真实场景"中，如果是请同事随便用一用，或者在公司实验室来使用产品，因为和实际场景不同，往往就看不到真实场景中会出现的问题。

可用性测试：设置一些关于产品使用的任务，让有代表性的用户完成指定任务，从他们的操作中发现产品可用性方面的问题。所谓"可用性"，指的是用户能否用目标产品来完成他被安排的任务。

（4）第四象限："定量"+"场景"，如"眼动实验"。

眼动实验：通过视线追踪技术，监测用户在看特定目标时眼睛运动和注视的方向，并进行对应的分析。实验过程中需要使用眼动仪和相关软件来作为辅助工具。眼动实验较多应用于互联网产品的开发中，故不做展开。

以上介绍到的用户调研方法，不同企业由于资源投入的限制，可能并不会都用到。但其中的"桌面研究""差评分析"和"现场观察"，不管企业的规模大小如何，都是有条件而且有必要做的。

2.3　产品定义

2.3.1　什么是产品定义

2.1 节和 2.2 节中介绍的"市场分析"和"用户研究"都是为了给最终的产品定义做好准备。如果说市场分析、用户研究让我们"模糊地"知道了要做什么产品，那么产品定义的过程，就是要"清晰地"定义出产品要做成什么样子。从广义上来看，产品定义可以认为是在打造产品的过程中的"一系列决策"。从狭义上来看，产品定义是关于产品做成什么样子的"一系列文档"。这些文档连接了外部的市场、用户和内部的研发、供应链等资源，起到了桥梁的作用。这份文档也是给项目组的首份重要输入文件，指导了接下来产品的开发思路和实现细节。

产品定义文档，大多公司也会称之为"PRD"（Product Requirement Document）文件，即"产品需求文档"。在 PRD 之前，有时候也会专门输出一份"MRD"（Market Requirement Document），即"市场需求文档"。

我们可以通过"5W2H"来厘清"MRD"和"PRD"的区别是什么，"5W"指的是 What、Why、Who、When 和 Where，"2H"指的是 How 和 How much。"MRD"着重回答 Why、Where

和 Who 的问题，即"为什么"要做、卖到"哪里"、卖给"谁"。"PRD"着重回答 What、How、When、How much 的问题，即明确这款产品要做成"什么样子""如何实现""何时上市""需求量"等问题。

补充说明一点，许多刚入行的硬件产品经理，会比较在意文档的呈现形式，关心用什么软件来做、有没有模板之类的问题。关于产品定义文档（包括后续提到的其他文档），文档的思路和内容是最关键的，形式不是要首先考虑的重点。例如"MRD"和"PRD"可以写成两份文档，也可以合成为一份"MPRD"。PRD 可以用 Word、Excel 或者 PPT 等方式来呈现，甚至文档叫什么名称都没有问题（当然如果公司有规范的话就按照规范来），能把内容表达清楚、把需求传递清晰就好了。

接下来展开分析 MRD 和 PRD 中需要描述到的几个核心内容，包括表 2-5 所示的七大项。

表 2-5　"MRD"和"PRD"中的"5W2H"

MRD	WHY	为什么要做这款产品，想要达到什么效果
	WHERE	面向的是什么区域市场、什么渠道
	WHO	面向什么用户群体，做谁的生意
PRD	WHAT	产品的硬件、软件特性如何
	HOW	怎么实现 WHAT 里提到的特性
	WHEN	什么时候量产上市
	HOW MUCH	首批单做多少，未来每个月做多少

1. WHY

企业上市一款产品，总会有其明确的业务目标，可以从"企业外部因素"和"企业内部因素"两个方面来分析。企业外部因素，即通过"市场分析"和"用户研究"得出，当前市场上存在着尚可挖掘的市场机会，存在着尚待被满足的用户需求，这是产品得以立项的基本前提条件。

从企业内部因素角度来看，除了所规划的产品要满足公司级战略方向的要求之外，不同的业务目标也会导出不同的产品定位。最常见的是通过产品来赚取利润，这种产品也被称为"利产品"。除了利润之外，还有另外几种对于企业来说也很重要的业务目标，即"获取流量（用户）""获取名声"和"加速周转"，对应的产品定位分别被称为"量产品""名产品"和"周转产品"。

量产品：顾名思义，"量产品"的核心业务目标是获得足够大的销量，产品利润反而是其次。通过"量产品"快速地获取海量用户，并将用户引流至企业的其他"利产品"中来实现盈利。这种思路和互联网产品中的"三级火箭"商业模式类似，例如周鸿祎的"奇虎360"就采用了"三级火箭"的商业模式，如图 2-19 所示。

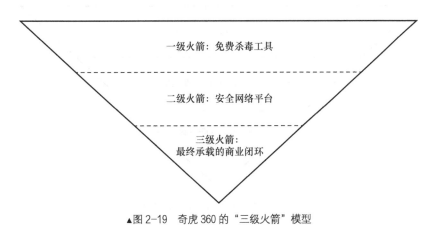

▲图 2-19　奇虎 360 的"三级火箭"模型

对于奇虎 360 的"三级火箭"模型，我做了一点微小的改动，即把"火箭"的形式改为了"漏斗"的形式，因为这样更便于理解。奇虎 360 的"第一级火箭"是"免费杀毒工具"，通过免费的方式快速扩张，在当年像一颗平地惊雷，打破了当时软件杀毒市场三分天下的格局。免费策略在现在看来稀松平常，但在当时毫无疑问是个异类。因为软件产品的边际成本可以趋近于零，所以免费策略是可行的。通过免费的杀毒软件产品，奇虎 360 迅速地获取了海量的用户，这批用户逐步转化到奇虎 360 的其他安全产品，如"360 安全浏览器"和"360 安全网址导航"等，进入了"第二级火箭"。最终再通过"第三级火箭"中的安全浏览器和网址导航内的"广告收入"，成功地获取了企业所需要的经营利润。所以说，免费模式并不是公司不想赚钱，而是把赚钱的动作后置了。

类似地,硬件产品领域也有把"三级火箭"的模式运用得炉火纯青的企业,比如小米公司。硬件产品和软件产品在运用"三级火箭"模式时的原理是相通的,都是通过第一级火箭的头部流量,引导用户沉淀至第二级火箭的某种商业场景,紧接着通过第三级火箭来完成商业闭环。唯一的差别是硬件产品的边际成本无法趋近于零,而只能尽可能地趋近于其硬件物料成本,所以硬件产品无法做到真正的"免费",只能少赚钱、不赚钱甚至做点补贴,形成相比于竞品的价格优势。图 2-20 是小米公司的"三级火箭"示意图,我们根据此图拆解分析小米公司的商业模式。

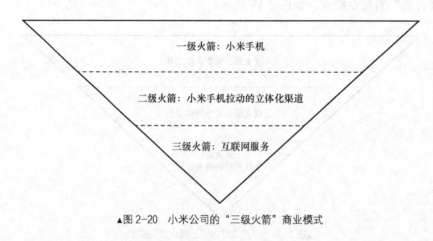

一级火箭:小米手机

二级火箭:小米手机拉动的立体化渠道

三级火箭:互联网服务

▲图 2-20 小米公司的"三级火箭"商业模式

小米手机是小米公司的核心业务,小米手机(第一级火箭)的核心竞争力在于其超高的性价比。这种性价比的优势也延续到了其他小米产品以及小米生态链产品(第二级火箭)中,如"紫米"移动电源、"青米"智能插线板等,这些产品做到了在产品上市之后就改写了所处行业的格局。最终,小米公司通过硬件产品吸纳到的海量用户,在互联网服务(第三级火箭)中实现高毛利的商业闭环。

小米很早就确立了一个叫"铁人三项"的商业模式,"铁人三项"指的是"硬件产品""新零售"和"互联网服务",正好与上述三级火箭一一对应。我们通过小米发布的财报也可以看到,小米硬件产品的综合利润率不超过 5%,但是互联网服务(包括广告、内容、线上游戏等)的毛利率高达 60%以上。

从奇虎 360 和小米公司的两个案例中可以看到,奇虎 360 的免费杀毒工具和小米公司的大多数硬件产品都属于"量产品"的产品定位。

利产品："利产品"的核心业务目标是获得足够大的产品利润，例如上述三级火箭模式中的第二级或者第三级，都能以"利产品"来承载并"收割"流量。如果企业在品牌、渠道和用户上都已经有了足够的积累，那么直接推出"利产品"也是可行的。但如果积累不足，或者推出的产品品类对用户来讲是比较新的概念，那么通过相对低价的"量产品"来打开局面，降低用户的尝鲜成本，可能会是更好的选择。

名产品："名产品"的主要业务目标不是获得利润，也不是获得销量，而是提升品牌形象和知名度。例如折叠屏手机刚上市的时候，售价接近 2 万元，这么高的售价，哪怕手机做得再好，折叠屏的质量再稳定，也终究只是小众的需求。这类产品就属于"名产品"，如果算上前期巨大的研发投入成本，能不亏损就不错了。但华为、三星等企业依然愿意持续投入，一方面是可以在未来起量之后通过摊薄研发、物料成本以实现盈利，另一方面也是当前该产品能给企业带来品牌形象和知名度的提升。

周转产品：所谓"周转"，就是资金投入生产后转化为产品，产品经过销售再转化为资金收回的完整过程。要想提高企业整体的投资回报率，除了降低产品成本，提升产品毛利率、净利率的常规操作之外，还可以通过提高"产品周转率"的方式来实现。这里用财务里的"杜邦分析法"来简单推导这个原理。企业的净资产收益率（Return on Equity，ROE）等于净利润除以净资产，这个公式可以继续演变，如下所示：

$$\text{ROE} = \frac{\text{净利润}}{\text{净资产}} = \frac{\text{净利润}}{\text{营业总收入}} \times \frac{\text{营业总收入}}{\text{总资产}} \times \frac{\text{总资产}}{\text{净资产}} = \text{销售净利率} \times \text{总资产周转率} \times \text{杠杆倍数}$$

从上式中可以看出，要提升企业的 ROE，可以从"销售净利率""总资产周转率"和"杠杆倍数"三个方面入手。其中的"总资产周转率"，即与周转产品相关。一款产品的资金周转周期，包括了产品的"设计周期""生产周期"和"销售周期"。

当一款产品立项后开始进入设计阶段，费用就陆续产生了。人力成本暂且不提，因为这是固定成本。其他成本，例如手板物料费用、样机费用、模具费用，如果是和供应商合作开发的产品，还可能需要支付前期的开发费用（NRE 费用）。产生的这些费用，需要等到产品真正卖到客户或用户手上，才能变成现金回流到企业。这个周期短则几个月，复杂的产品可能长达一两年甚至更久。

产品设计完成之后，就进入生产周期。生产周期中耗费时间较长的环节主要在于备料和生产。有些产品的某些冷门物料备料周期会特别长，就会严重拖生产周期的后腿。生产周期结束，意味着前期投入的资金已经转化为产品（财务上也叫"存货"，包括成品和半成品），接下来就进入销售周期。

销售周期包含"运输"和"销售"两个环节。运输指将产品从工厂仓库转移到渠道（例如代理商、电商平台仓库等），可能是陆运、海运或者空运。销售环节取决于品牌影响力、品类受欢迎度和产品竞争力，越好卖的产品销售环节越短。

综上，产品周转时间=产品设计周期+产品生产周期+产品销售周期。不同品类产品的产品周转时间有很大不同，设计越简单（"简单"指的是在"可量产性"方面）、用料越通用、品类越大众，产品周转时间则会越短，在单位时间内也就能为企业创造更大的利润。

接下来分析"产品周转时间"和"产品利润"的关系。

假设 A 产品的周转时间为 1 年，产品利润率为 30%，年初投入了 100 万元，年末正好把年初的投入回收回来，收入则是 130 万元。假设 B 产品周转时间为 4 个月，利润率也是 30%，意味着资金在一年之内可以周转 3 次。同样，在年初一月份投入 100 万元，四月底企业可以回收资金 130 万元。然后四月底再把 130 万元投入下一个周转周期，八月底可以回收 130×1.3=169 万元。同理到年底十二月份可以回收 169×1.3=219.7 万元。同样都是年初投入了 100 万元，A 产品年底回收了 130 万元，而 B 产品年底回收了 219.7 万元。B 产品因为它的高周转特性，最终带来的投资回报竟然是 A 产品的 1.69 倍！这就是高周转产品因为其复利效应，给企业带来的巨大价值。

分析完 4 种不同定位的产品，回归产品定义本身，只要在产品定义的文档里说明该产品是"名、量、利、周转"里的哪一类就可以了。

2. WHERE

这个部分需要明确产品的销售面向什么区域、什么渠道。例如，是中国市场、美国市场、欧洲市场，还是中东非市场等；是线上还是线下，是正常销售还是礼品渠道等。也还可以更详细一些，如"中国东南沿海城市"等。此外，可以针对所面向的市场，把市场分析部分的结论总结到产品定义的文档中。

3. WHO

这个部分需要说明产品是想卖给"谁"的，要做"谁"的生意。需要注意的是，用户画像要拎得出、要精准。具体可以参照 2.2 节"用户研究"的相关内容，把用户研究的相关结论总结到产品定义的文档中。

4. WHAT/HOW

这个板块是 PRD 中的关键内容，需要详细描述该产品的外观、硬件、软件、包装、测试等方面的定义和说明。

如果是智能硬件产品，还会涉及移动端 APP 开发、后台开发、云端开发等。这部分的定义，一般会由软件产品经理以 Axure 软件为工具来输出，也有少数会由能够软硬件协同的产品经理完成。

这个板块中汇集了所有的产品需求。一个产品的需求内容往往比较多，我们可以对照用户不同层面的需求来进行分层定义。这里介绍一个模型——KANO（卡诺）模型，该模型是对用户需求分类和优先级排序的实用工具，以分析用户需求的满足程度和用户的满意度为基础，体现了产品性能和用户满意度之间的非线性关系。KANO 模型将需求分成了"必需型"需求、"期望型"需求、"兴奋型"需求、"无差异"需求和"反向型"需求五种。其中最主要的是前三者，因为我们一般不会把"无差异"和"反向型"的需求列入产品定义中。五种需求类型如图 2-21 所示。

（1）"必需型"需求（必备属性）：对应用户对产品的"基本需要"，属于"解决痛点"的功能。必需型的意思是，有了这个功能是应该的，没有的话用户会强烈抱怨。例如手机的通话功能，能打电话是应该的，不能打电话……这还能叫手机吗？

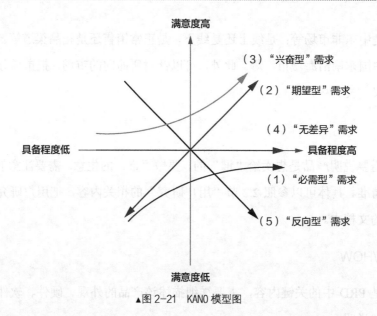

▲图 2-21　KANO 模型图

（2）"期望型"需求（期望属性）：对应用户对产品的"进阶需要"，属于"满足爽点"的功能。期望型的意思是，提供了这个功能，且功能做得越好，用户的满意程度就会越高。没有这个功能，或者功能做得越差，用户满意程度就会越低。例如手机的拍照功能，拍照能力越强，用户就会越满意。但没有拍照功能的手机，也是存在的。

（3）"兴奋型"需求（魅力属性）：对应用户对产品的"情感需要"，属于"制造痒点"的功能。兴奋型的意思是，没有这个功能也无所谓，但是一旦有了这个功能用户会感到很新奇、很兴奋。例如苹果手机触摸屏第一次面世的时候，给用户带来的那种颠覆性体验，可能不止是兴奋，而是震撼的感受。

以上三种需求类型中，"必需型需求"是一定要满足的，"期望型需求"可结合产品的约束条件（如 ID、成本、资源等）尽可能满足，"兴奋型需求"则不一定要满足（尤其是在开发新品类或者企业处于初期发展阶段的时候）。接下来了解另外两种需要剔除出产品定义中的需求。

（4）"无差异"需求：有没有这个功能，用户都觉得无所谓。例如苹果手机包装中给用户送的苹果 Logo 贴纸。

（5）"反向型"需求：增加了这个功能之后，用户反而觉得不满意。例如试图给手机增加外置天线来提高信号强度。

5. WHEN

这个部分需要结合市场需求和客观预估的项目周期，说明产品要求的量产上市时间，也可以延伸覆盖到若干个里程碑节点。详细的项目计划会在立项后由项目经理来完成（有些公司的产品经理也兼任了项目经理的职能）。

6. HOW MUCH

这部分指的是产品要做多少量，在产品定义的阶段主要是"首批单"的量，同时也会预估后续的"月销量"。"首批单"根据物料的备货周期，一般定为 1～3 个月的销量。首批单量涉及渠道首次交付和铺货，需要准确，因为企业会在量产之前就下单备料。后续对每月销量的预估，也叫 Forecast（简称为"FC"），一般会通过"滚动备料"的方式来实现"库存最小化"，具体到每个公司的操作细节可能会有所不同。

以上的"5W2H"是在 MRD/PRD 的产品定义中最好能够阐释清楚的一些内容。但不用试图做到面面俱到，也不是"5W2H"中没有提到的就不能写。这里只是给出了一般性的思路作为参考和启发，大家不要生搬硬套，而是要在具体工作中量体裁衣、灵活应用。

2.3.2　怎么做好产品定义

了解了产品的定义以后，那么怎样才能做好一份产品定义，从而"定义"出一款有竞争力的产品呢？正所谓商场如战场，提到战场，《孙子兵法》有云："凡战者，以正合，以奇胜。"这里"正"的意思是用兵的常法，反映了战争的一般性规律。这里的"奇"音同"机"，经常被误解为出奇（qí）制胜的意思，实际上古人又称"奇"为"余奇"，就是多余出来的一部分，奇兵就是预备队，关键的时候再用，出奇（jī）制胜。

从"以正合，以奇胜"这句话中，我们可以学习到两种用于产品定义的思路。

1. 以正合

所谓"以正合"，有点"正面对抗"的意思，即双方在产品定义上旗鼓相当，如果单看产品的话双方平分秋色。在这种思路的指导下，企业往往会在性能、指标、体验上做出改进，但产品价值创造的方向并没有变化。有点像双方在同一条梯子上，看谁爬得更高。在这种情况下，容易出现产品同质化的现象，此时大企业会更有优势，体现在了"品牌"和"效率"两个方面。

大企业往往具有"品牌"优势，这是企业长期积累的无形资产。品牌好比一个存钱罐，企业通过长期的积累，在存钱罐中"存入"了足够多的钱，而后在销售过程中逐步"提现"。消费者在选购产品的时候，对于同样产品性能的两个品牌，更可能愿意为知名品牌付出额外的价格，这就是产品的"品牌溢价"。每一次的"溢价"，就好比一次"提现"操作。同时好品牌也"自带流量"，为品牌旗下的产品带来了更多的曝光机会，因此产品销售自然也不会差。

同时，大企业往往也具有"效率"优势。做产品是企业系统化能力的集中化输出，其中"效率"就是衡量系统能力的一个关键指标。效率优势给产品带来的两个好处，一是"周期"，二是"规模"。

企业的效率优势可以帮助公司在同样的时间之内，做出比同行更优的产品；也可以帮助公司在做出同样水平产品的前提下，花费相比于同行更少的时间，以抢占时间窗口。"时机"（Timing）对于产品最终能否成功来说是重要的因素之一。上市太早容易成为炮灰，起了个大早赶了个晚集，而上市太晚又容易错过红利时期，只能看着别人吃肉自己分点汤喝。所以具备效率优势的话，可以让企业在产品上市时机的选择上更加游刃有余。

另外，企业的效率优势还可以帮助企业取得"规模化"的优势，带来的直接利益体现在产品的成本优势上。或者是在同样的成本下产品相比于竞品性能更优，或者是在同样的性能下产品相比于竞品成本更低，提高性能、降低成本，产品的性价比就得到了提高。根据产品力的计算公式（产品力=用户收益÷用户代价），产品性价比高也意味着产品具备了更强的竞争力。

这种"正面刚"的打法，适合于大企业之间的正面战场，比拼的更多是"品牌"和"效率"。对于大多数中小企业来说，在品牌和效率都没有明显优势的情况下，选择"以奇胜"的侧翼出击打法，无疑是更加合理的产品定义思路。

2. 以奇胜

"奇"为多出来的部分，也可以理解为不同的部分，即在同质化竞争的背景下，寻找侧面战场，在产品的某些方面做出改变，从而形成自身的特殊价值。

所谓"同质化"，就是通过"同样的方式"来满足"同样的用户"的"同样的需求"，这时候就只能比拼品牌和价格。

所谓"差异化"，就是为市场提供用户所接受的具有独特利益的产品。

如果说同质化是在同一条梯子上看谁爬得更高，那么差异化就是找到另外一条梯子去爬。差异化不仅可以有效地避免和对手"正面刚"，还可以大幅地削弱用户比价的权利和意愿，这是因为市面上没有完全相同的东西可以进行对比，用户对产品价格的感知无法得到快速的量化。而且，差异化也可以策略性地阻挡后续的竞争者，赢得竞争对手跟进的时间窗口，从而更加充分地收割市场利润。并且，如果用户的差异化需求得到了满足，也比较容易使用户产生品牌忠诚度。

当然，"差异化"本身也会带来风险。首先，在激烈的市场竞争环境中，有效的差异化必然会被同行所模仿，最终导致差异化被快速填平然后又回归了同质化。因此，差异化带来的价值具有时间窗口，需要企业具备足够高的效率来收割其所撬开的时间窗口的红利。甚至竞争对手可能会创造出来更大的差异化，让自己的差异化显得毫无优势。其次，为了制造差异化所带来的利润是否能覆盖制造差异化所产生的成本，也是需要仔细考量的。

要做好一款爆品，权重最高、对结果影响最大的因素就是"Timing"（时机）。时机太早了不好，容易"先驱"变"先烈"；时机太晚了也不好，只能吃别人剩下的。选到了好的时机，就像踩上了风口一样，"猪都能飞起来"。但选到好的时机，好比买股票的"择时"一样，要选到一个非常好的买点，难度是非常大的。如果已经强烈感受到了此时是风口、是好时机了，那么这时候不要太苛求把产品做得过于完美，宁愿先出一款 80 分的产品抢占风口，也不要等一年半载之后再出个 90 分的。一年后 90 分产品的价值，可能会远远低于现在 80 分的产品。好时机出一款过得去的产品，产品价值是 80-0=80 分（减去 0 是因为市场上还没有或者只有很少同类的产品，有大量的市场空间待占领）；坏时机出优秀的产品，产品价值是 90-80=10 分

（减去 80 是因为此时竞争已经非常激烈了）。而且产品卡位的时间点一过，是一去不复返的。但现实很残酷，实际工作中是很难碰到风口性产品的，常态往往都是在激烈的竞争中，去寻找差异化来做出优势。

接下来通过华为手机"红海突围"的故事，和极飞无人机"另找蓝海"的故事，看看华为和极飞分别是如何诠释"以正合，以奇胜"这句话的。

3. 华为手机的故事

可能很多人以为，华为具备强大的品牌优势，手机产品虽然竞争激烈，但是对于有强品牌势能的华为来说，要想做好难度并不大，但这是我们站在现在的时间点回头来看了。在当初华为刚做手机的时候，市场上有一个魔咒："B2B 公司转型做 B2C，是不可能成功的。"很多企业拥有世界上最好的生产线，却做不出消费者喜欢的产品。华为最初做的是运营商业务和企业业务，而手机属于消费者业务。但是，华为成功地把不可能变成了可能，经过十年的时间，先后推出了 P 系列、Mate 系列、荣耀系列，将市场格局从原来的苹果和三星的双雄争霸变成了加入了华为的三足鼎立。

华为早年间以服务 B 端客户为主，一开始并不具备从用户视角去看待产品的意识和能力。初次做手机的时候，华为从工程师思维的角度出发，对标市面上的竞品手机，将竞品手机的所有功能，以华为强大的技术能力重新做一遍，试图在技术参数上做得比别人更好。当时的华为认为，如果处理器、内存、摄像头、电池等各种参数能够全面碾压对手，肯定就有竞争力。结果，基于这样的产品思路开发出来第一款 P1 手机，成本远超预期，一年销量却只有可怜的 50 万台（同年苹果的销量是 1.5 亿台）。刚刚转型的华为，选择了"跟随策略"，沿着别人的思路，在各方面都做得更好一点，却证明了这是一条错误的道路。

既然"以正合"被证明行不通，那么"以奇胜"呢？

后来余承东揽过责任，任正非也多次讲话鼓舞士气："终端产业竞争力的起点和终点都是消费者。"华为开始从工程师的视角转向消费者的视角。一方面加强设计和用户体验部门的话语权，另一方面开放组织，构建更加多元化的团队阵容。与此同时，华为还让工程师团队到一线门店和消费者近距离接触。据说有工程师试着和用户介绍一堆手机参数，说得天花乱坠，结果用户说"我买华为手机是因为喜欢背后的华为花瓣（华为的 Logo）"，还有用户是因为配套赠送的手机皮套……这些理由把工程师们都给整蒙了。

背靠红海，面向用户，华为此时做出了一个正确的判断——"手机时装化"。我们看华为后期陆续发布的产品，就能强烈地感受到这个非常明显的变化。时装市场是红海，但 ZARA、优衣库还能起来；饮料市场更是红海，但元气森林、奈雪的茶等新锐品牌更是层出不穷。这到底是为什么呢？我们平时经常说"红海"，是从"静态"的角度来看待的，但如果加入了"动态"的视角，就可以看到红海中其实不断地在翻滚着浪花，一浪接着一浪，就像时装的潮流都是一波一波的。虽然红海里人很多，但是一浪起，拍走了很多人；再一浪落，又卷进来了很多人。有了这个视角，就可以在这个浪起浪落的过程中，找准时机，杀入红海。

后来，华为基于"手机时装化"的正确认知，采取了以下措施。

（1）华为巴黎的设计团队用了两年的时间，充分吸收了法国奢侈品、汽车等行业的经验，研发出了"变色极光镀膜"的工艺，于是有了华为手机的"炫彩"手机壳，一下子就在纯色的手机壳中脱颖而出。

（2）在行业内为"手机是大屏好还是小屏好"而争执不休的时候，华为洞察到了大屏手机在用户群中"用的人爱不释手，不用的人骂不绝口"的关键点，于是坚定地站队在了大屏的一方。

（3）加大"EMUI"（Emotional UI，华为基于安卓开发的情感化手机操作系统）的研发投入，并且创造性地加入了许多情感化的功能。

（4）与摄影界"顶流"徕卡合作，成功定义了新时尚，将"手机拍照"升华成为了"手机摄影"。

再后来的故事我们也都知道了，华为的 P9 手机刚一上市，销量很快就突破了一千万台，真正地成为了手机行业的巨头。

4. 极飞无人机的故事

极飞是一家做无人机的公司。说到无人机，你肯定会联想到另外一家同样也是做无人机，但是知名度更高的公司——大疆。极飞和大疆的成立时间差不多，大疆在成立不久之后的 2012 年，就推出了全球第一款面向普通消费者的航拍一体机。这个突破性的产品，迅速地让大疆无人机的销量飙升，在短短的两年时间之内，就占据了全球无人机消费市场超过 70% 的市场份额。

换句话说，极飞刚成立的时候，就面临着一个强大竞争对手的挤压。这时候应该如何应对呢？如果采取"以正合"的思路，就意味着极飞需要拥有比大疆更强的技术实力、资金实力等，这个显然是不太现实的，而且时间上也并不允许。那如果用"以奇胜"的思路来考虑呢？极飞从无人机的应用场景来做细分化定位。既然大疆面向的是"鱼儿最为肥美"的普通消费者市场，那么极飞就退而求其次，去寻找其他市场规模稍小一些，但竞争相对没有那么激烈的新的垂直性应用场景。

在当时，无人机还有一些应用场景：

（1）帮助科学家进行极地环境的科考工作；

（2）帮助警方展开巡逻搜救工作；

（3）用无人机来做物流运输。

极飞分析了当时存在的以上三个细分场景，"科考工作"和"搜救工作"需求虽然确实成立和存在，但是因为需求比较小众，市场容量实在是太小了；而用无人机来做物流运输，不是说做不到，而是经济上并没有落地的可操作性，因为用无人机配送一次的成本要十块钱，而人力配送反而只要两块钱。

现有的细分场景不可行，那便继续寻找新的细分市场。时间到了 2013 年，极飞的团队成员去了一趟新疆，终于找到了新的思路。在新疆许多一望无垠的棉花地里，他们看到农户们正背着农药箱、戴着口罩、手里拿着农药喷头，在棉花之中艰难地行走着、喷洒着农药。人力喷洒农药，不仅效率很低，而且因为农药有毒，长期下来对于人的身体健康危害极大。

洞察到了"效率低"和"影响健康"的需求痛点，极飞团队觉得终于找到了机会——用无人机喷洒农药来代替人力喷洒，是可行的市场机会。仔细分析和测算下来，不仅可以提高喷洒农药的效率，大幅度地减轻农民的工作负担，避免长期的农药渗透危害身体健康，而且无人机打药的成本比人工打药低得多。更重要的是，在农业这个垂直性场景里，完全没有竞争对手存在，是一个全新的蓝海，市场前景非常广阔。

于是，极飞果断地砍掉了其他所有业务，全力投入农业无人机这个赛道，通过"以奇胜"的思路找到了业务上的关键破局点。到了 2021 年年底，极飞的农业无人机业务已经发展到了 42 个国家和地区，900 多万农户，7 亿亩农田。

2.3.3　怎么做好产品组合

在定义好了某一款产品之后，这还只是一个产品，而多个产品之间构成的有机整体，我们称之为"产品组合"。因此，我们还需要做好产品线内的产品组合定义，即对产品线从"价格带""产品定位""价格锚""系列化"等角度来做好组合定义。

1. 价格带

对于产品组合的结构划分可以有多种维度，例如价格、性能、外观等。以哪种来作为主导的划分维度，会对整体的规划起到指导性的作用。对于 2C 的硬件产品来说，价格往往是优先考虑的维度，然后才是性能、外观等维度。

为什么这么说呢？一方面，行业内一般以"价格带"作为产品子线划分的重要依据，因此企业内部如果同样以价格为主维度，可以比较好地与外部行业分析、外部产品研究相契合。另一方面，以价格作为主导，可以直接反映市场上的竞争环境和格局，并且可以指导市场营销部门如何应对外部竞争。同一品类的产品，价格覆盖范围可以非常宽，比如手机有几百元的，也有上万元的。不同的价位段内，对内部产品所要求的外观、性能显然就不一样，对外锚定的竞争对手也会不一样。

2. 产品定位

2.3.1 节提到过，在一个产品线内每一款产品都有其自身存在的意义，主要包括了"名、量、利、周转"四种产品定位。下面通过一个餐厅的菜单设计的例子，来说明如何基于产品定位进行产品组合。

菜单除了是对用户的销售界面之外，还是一个产品组合的完整设计呈现，会影响到一家餐厅整体的产品销量和利润。合理的菜品结构至少包括三类定位的产品："核心产品"（名）、"引流产品"（量）和"利润产品"（利）。

通过我们平常在各种品牌的餐厅中的消费可以发现，大多数的餐饮品牌，都会有一些产品非常固定，无论菜品如何更迭，这些核心产品都不会轻易地变更。例如"麦当劳"有"巨无霸"这个产品，这个就是"核心产品"。"核心产品"负责餐厅的口碑塑造，以及用户心智模型的建立。核心产品一变，可能意味着这家店的定位也开始变了。

"引流产品"也可以叫作"促销产品"，这些产品足够大众化，也可以用来打折促销，起到引流、吸引顾客上门的作用。比如麦当劳的"麦辣鸡腿堡"，就是一款引流产品，一套麦辣鸡腿堡套餐，做活动的时候只需要 15 元，非常便宜。如果是在外卖平台上，引流产品还可以作为获取线上用户的一个重要工具。核心产品不轻易打折，但引流产品可以。

最后是"利润产品"，其特征是"毛利率高"，适合与其他产品搭配销售。对于肯德基、麦当劳来说，"可乐"的成本非常低，毛利率非常高。如果消费者买了一个汉堡，再加上一杯可乐，就能客观地拉高该用户的本餐毛利率，那么可乐就是一种"利润产品"。再比如你到苹果商店购买苹果手机、平板电脑等产品时，在到达最终付款之前的购买流程中，系统会建议你配套购买其他手机周边产品，如官方手机壳、充电器、耳机等，这些都是毛利率相当高的产品。虽然苹果手机的毛利率也很高，但这些手机周边产品的毛利率更高。

3. 价格锚

除了"名、量、利、周转"的产品定位之外，有些产品本来就没期待能有多少销量，只是起到一个辅助价格锚的作用。

所谓"价格锚"，是托奥斯基在 1992 年提出的，他认为消费者在对产品价格不是很确定的时候，会寻找一个参照标的，来判断这个产品的价格是否合适。因此，作为价格锚的产品的作用是让消费者能够更直观地感觉到另一个产品很值。

例如某酒店为用户提供付费上网服务。在服务界面上，酒店给用户提供了两种选择：一种是 30 元/小时，另外一种是 35 元/天。用户对比一看，一天的上网费用比一个小时的只贵了 5 元钱，肯定就会选择 35 元/天的了。该用户于是爽快地支付了 35 元，还觉得挺划算。实际上酒店就是为了卖 35 元/天的套餐而已，30 元/小时的产品只是作为价格锚加上去的。

对于硬件产品来说也是类似的，例如企业现在有两款净水器产品，一款是 1399 元，另外一款是 2499 元。2499 元的产品是企业想主推的，但是卖得不好。如果想有效地提升该产品的销量，一个可以考虑的方案就是开发另外一款 4099 元的产品，升级部分配置，并与 2499 元的产品进行横向对比。这样可以在"感性"上大大地提升 2499 元产品的性价比。

保险销售也非常善于运用价格锚的思维。不知道你有没有这样的经历，保险销售在给你推销商业险的时候，会问你："你一年给你的车子上了多少保险啊？"你回答道："一年差不多四五千了。"然后保险销售继续问："那么你给自己上了多少保险啊？"你心里一惊："好像除了社保之外啥都没有……"这时候保险销售会说："你愿意一年花 5000 元的价格来为你的汽车上保险，为什么不愿意花 1000 元来保护你自己和你的家人呢？"这时候，原本你平时可能有点嫌弃的商业险，突然就觉得价值感很明显了。因为保险销售把车当作和人对比的价格锚，而人当然远远比车更有价值。

4. 系列化

如果企业的产品型号很多的话，用户第一次接触的时候可能会比较懵，如果用户有选择强迫症，就更不知道从何选起。产品系列化就可以有效地帮助用户在众多产品中，迅速厘清思路，知道自己应该如何做出购买决策。

同一系列的产品，一般都是面向同样的用户群体，该用户群体有共同的需求特点。在配置、材质、工艺上做出区分，可以形成不同的价格体系。

例如苹果笔记本主要分为"Macbook Air"和"Macbook Pro"两个系列，"Air 系列"主要面向普通消费者，"Pro 系列"主要面向专业消费者。

同一系列的产品，一般也具有基本类似的外观。类似的外观一方面可以给用户在视觉上形成明显的系列感，另一方面在生产上也可以共用大部分的模具，节约开模成本，在保持产品多样性的同时又不会增加太多的前期投入成本。同一系列的产品也会有不同的价格带分布，高端机型可以作为"名产品"来塑造品牌形象，中等价位产品则可以作为主力产品来满足用户追求性价比的需求。

5. 产品线长宽

"产品线长宽"指的是产品线的"长度"和"宽度"。需要说明的是，这里对于产品线长度和宽度的定义是基于我个人的理解和实践经验总结而来的，可能和一些教科书中提到的有所差别，但或许对于硬件产品的实战会更有帮助一些。

所谓"产品线长度"，指的是企业某一品类的最低价格产品和最高价格产品所覆盖的价格区间。产品线应该长一些还是短一些因企业而异，产品线太短可能不利于市场竞争，产品线太长又不利于产品研发、生产管控以及用户认知。不同企业的情况不一样。如果增加产品线长度可以提高利润，说明长度不够；如果减少长度可以提高利润，说明长度冗余。当然，以利润来衡量，只是相对地作为一方面的参考，并不是绝对准确的。

对于美的、格兰仕等传统企业来说，产品线是非常长的，也可以认为是传统意义上的"机海战术"。

像苹果、小米这种互联网属性比较强的企业来说，奉行的是"爆品"策略，每个品类都只有很少的几款产品，有些甚至是一个品类一款产品，产品线的长度就比较短。

所谓"产品线宽度"，是指在该产品线内的各个价格段的产品数量，反映了企业在不同价位段的投入力度。一般来讲，各个价位段的产品线宽度，应该和各个价位段的市场份额占有率成正比。如果没有其他特殊考虑的话，这样的投入力度分配是比较合理的。

第3章 产品实现

3.1.1 产品设计是什么

引用 2017 年世界设计组织对"工业设计"的定义:"工业设计是驱动创新、成就商业成功的战略性解决问题的过程,通过创新性的产品、系统、服务和体验创造更美好的生活品质。"工业设计(Industrial Design,ID)分为产品设计、环境设计、传播设计和设计管理 4 类。硬件产品经理的工作中经常说的 ID,其实只是 ID 中的产品设计。

所谓"产品设计",是将抽象的创造力和想象力具象到现实,从而满足特定用户的需求,解决人和产品之间问题的过程。

"产品设计"要符合设计原则,主要是完成 3 个方面的使命——让产品高颜值、让产品解问题、让产品会沟通。

1. 高颜值(外观设计)

首先,产品设计是让产品具有高颜值。出众的外观总能吸引到更多的目光,提升产品被了解、被使用的意愿和概率。

图 3-1 是农夫山泉打造的"2019 年典藏款金猪水",总共生产了 20 万套作为赠品使用。瓶身上画有"猪爸爸、猪妈妈、猪宝宝"等形象,猪爸爸富态、猪妈妈温柔、猪宝宝可爱,凑

齐了团聚幸福的一家，体现出了"全家福"的概念，给用户传递了"金猪到家、好水旺财"的积极理念。

▲图 3-1 农夫山泉的"金猪瓶"

再如图 3-2 所示的"猫王"收音机，该产品通过复古化的设计，把收音机从一款普通的产品，打造成了兼具功能和特色外观的精品。

▲图 3-2 "猫王"收音机

硬件产品行业内有句话是"颜值是第一生产力"。这话似乎有些夸张,那么高颜值的产品设计,能为产品本身带来什么样的好处呢?

首先,高颜值的产品自带关注流量。爱美、追求美是人类的天性,好看的人和物总会让人多一些好感和关注。一个产品的颜值高到了一定的程度,也会更容易成为"网红"产品。正所谓"始于颜值,陷于产品,忠于品牌",颜值的重要性就在于开启了用户迈向"忠于品牌"这个终极目标的第一步。高颜值除了自带流量之外,还能提升购买转化率,并且拥有快速传播的可能性,让产品具备成为爆品的基础条件。所谓"爆品",通常是"好设计"加"低价"。如果是无设计加低价,那么只能算是清仓。

其次,高颜值的产品能带来产品"溢价"。如果出现了功能相同的两个同类产品,一款颜值惊艳,另一款颜值普通,那用户大概率会更愿意为高颜值的产品多付一些钱,这部分多出来的钱就是设计带来的附加值之一,即超额利润,也叫溢价。

最后,高颜值的产品能提升用户收益。1.1.2 节中提到过"产品力=用户收益÷用户代价",其中的用户收益就包括产品颜值。好看的产品哪怕只是平时看看心情也会变好,颜值越高,给用户带来的收益就越高。

除了好看之外,好看的产品一般还更好用,这个观点是由认知心理学家、工业设计家唐纳德·诺曼(Donald A. Norman)提出的。有好看外表的产品更具备吸引力,这个很好理解,但为什么好看的产品就会更好用,而不是"中看不中用"呢?一方面,产品外观凝聚了产品设计师的心血,既然在外观上花费了这么大的心思,那么在功能设计和体验设计上,大概也不会差。另一方面,好看的外观会触发用户的情感,而情感能改变认知系统的工作方式。正如心理学上的"光环效应":如果一个物品的某种特性给人以非常好的印象,那么在这种印象的影响下,人们对这个物品的其他特性也会给予较好的评价。因此,当产品的高颜值提升了用户情感的愉悦度时,用户对于该产品在功能和体验方面的宽容度也会更高一些,自然就感觉产品更好用了。

2. 解问题(功能设计)

产品是为了帮助用户解决问题的。洛可可创新设计集团董事长、知名设计师贾伟说过:"设计就是在不增加资源投入的前提下，人们利用手头的条件，发挥创造力解决问题。真能解决问题的，才配叫设计，否则不管多美多酷炫，都不行。"

我们看看图 3-3，看起来就是一个非常普通的杯子，这样的杯子算是有设计吗？

▲图 3-3　一个普通的杯子

答案当然是有的，只要它能解决"作为一个盛水的容器帮助用户完成喝水的任务"这个问题，中间就一定有设计。这个杯子的颜色简单，没有任何图案，看起来在颜值方面的表现不能算是优秀。但在"功能设计"方面，至少是合格的水平。

第一，底部密闭的设计解决了"盛水"的问题；

第二，杯身加了把手，解决了"能够用手端起杯子"的问题；

第三，杯口敞开，且为圆形，能够更好地贴合嘴唇，解决了"喝水"的问题；

第四，杯身设计了一定的厚度，使得喝热水的时候杯身不至于太烫，解决了"喝热水不容易被烫到嘴唇"的问题；

第五，杯身的容积不太大也不太小，太大了一次性喝不完水就凉了，太小了又不够喝，解决了"刚好够喝一次"的问题。

以上五点都是这个杯子的"设计点"，可以看出一个简单的杯子也包含了许多功能设计点。当然，这款产品比较简单，更复杂一些的产品设计点也更多，解决的问题也就更多。

总结来看，杯子解决的是喝水的问题。把喝水的步骤拆分下来又可以分解为几个子问题：盛水、端起杯子、用嘴喝水、喝完一杯水、放下杯子。通过步骤拆分，可以发现我们对这款杯子设计点的分析还遗漏了最后一个放下杯子的步骤。拿起杯子观察底部，可以发现杯子底部是内陷的，这便是为了杯子能够更好地放置于桌面，且不容易被刮伤。

3. 会沟通（体验设计）

产品好看能吸引用户使用，即"始于颜值"；产品有用能帮助用户解决问题，即"陷于产品"；一款会"沟通"的产品，才是产品设计的精髓和难点所在，能够给用户带来优秀的与众不同的体验，让用户"忠于品牌"。设计大师诺曼还说过："设计的本质，其实不是创意，而是沟通。它是一门设计者和使用者之间，通过产品实现'无声沟通'的学问。"做好沟通的设计，才能真正地达到让用户"忠于品牌"的境界。

产品显然不会说话，那靠什么和用户进行沟通呢？是通过说明书吗？当然不是，现在还有多少人愿意看说明书呢。产品和用户之间的沟通，依靠的是比语言、文字等更深层次的东西，就是人们的"潜意识"，或者叫"本能"。

在丹尼尔·卡尼曼的《思考，快与慢》一书中，作者将人们的大脑思考分成了两个系统："系统1"和"系统2"。"系统1"对应的是"快思考"，即人们通过本能就自然产生的反应，调动的是"感性思维"；"系统2"对应的是"慢思考"，即人们通过一番思辨之后才进行的动作，调动的是"理性思维"。好的产品设计应该尽可能打动人们的"系统1"，即不需要经过慢思考就能够知道应该如何使用产品。好的产品沟通可以通过示能、约束、映射和反馈等方式来实现。

（1）**示能**：通过一些深入人心的概念或者元素，告诉用户应该怎么做，让用户能够在零学习成本的情况下，知道产品想传达的意思。举例如下。

- 第 2 章提到的"厨邦酱油"的瓶身设计，通过"餐桌布"的设计元素，让用户远远一看到，不需要思考就知道这个产品和"吃饭"相关。

- 在产品上增加"把手"的设计，就相当于告诉了用户"这里可以提起"。

- 苹果电脑的窗口按键，使用了"红、橙、绿"三种颜色，恰好就对应了我们熟知的"红绿灯"的三种颜色。红灯意味着"禁止通行"，自然就提示了用户红色的窗口关闭按键不能随便单击。

（2）**约束**：除了告诉用户"怎么用"之外，还要告诉用户"不能怎么用"，来避免一些错误或者危险操作。因为产品沟通是没有语言、纯文字的无声沟通，所以需要通过一些"约束条件"来实现。举例如下。

- 用户使用 Word 应用程序写文稿的时候，在没有保存的情况下是无法直接关闭文档的，这样就能避免在误操作的情况下因为没有保存而不小心丢失了文稿。

- 宜家的家居产品，很多都是需要用户自行组装的，那么在设计组装方式的时候，就应该只有一种可以成功进行下去的组装方法，其他的组装方法都应该通过设计来规避掉。

（3）**映射**：要让产品的每个输入性操作，与其对应的结果之间的映射关系，符合人们约定俗成的观念。

- 几乎所有的手机音量按键，上面的按键就应该是加大音量，下面的按键就应该是降低音量，这是符合常规认知的。千万不要在这种方面做什么"创新"，否则用户用一次别扭一次。

- 图 3-4 所示的燃气灶，上面的大圆是灶眼，下面的小圆是控制灶眼开关的旋钮。这款产品中灶眼和开关旋钮之间的映射关系就非常不明确，这也意味着这款产品的用户体验会非常糟糕。

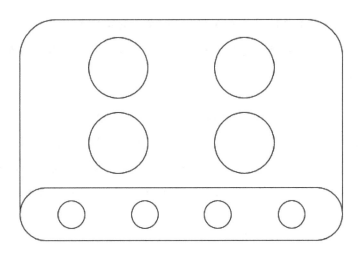

▲图 3-4　灶眼与旋钮的映射关系

（4）**反馈**：做到事事有回音是非常重要的，就像我们在工作中一样，如果能做到"凡事有交代，件件有着落，事事有回音"，那么你在别人心目中就会留下一个靠谱的印象，产品也是类似的。没有反馈，就好像你和别人说了一句话，别人不理你一样，感觉是很难受的。所谓"反馈"，可以通过"五感"来进行传递。"五感"即人的"眼耳手鼻口"五种感官所产生的感觉，包括了视觉、听觉、触觉、嗅觉和味觉。如果五感俱全，那么大概率会是一个好产品。

比如"吃面"这件事情，怎样才能让人感觉最爽？一碗面端上来，卖相很不错，有了初步好的第一印象，这是"视觉"；再闻一闻，感觉还挺香，又增加了几分好感，这是"嗅觉"；吸一口面条上来，"滋溜"一声还挺好听，这是"听觉"；嘴巴、舌头、牙齿触碰到面条，有弹性、有嚼劲，这"触觉"感受也很棒。最后一口吞下……这味道，真酸爽，这是"味觉"。如果"面条"这个产品，能够做到五感俱全了，那么绝对就是一碗好面！当然，在硬件产品中，嗅觉和味觉是很少的，主要还是在视觉、听觉和触觉上。

- "视觉"反馈：如软件产品的进度条、硬件产品的 LED 灯闪烁，都是因为用户的需求客观上无法做到即时满足，而折中采取的用户视觉反馈，告诉用户"你的需求我收到了，我正在努力实现"。

- "听觉"反馈：微波炉热完了食物会发出"叮"的一声，洗衣机洗完了衣服之后会有"哔哔"的蜂鸣声，都是通过听觉告诉用户"你交代的事情我办完了，快来查收"；一些硬件产品在被按下某个按键后也会发出声音，这是告诉用户"你按成功了"，这样用户就不会反复去按。

● "触觉"反馈：产品外观采用的 CMF（C 指 Color 颜色，M 指 Material 材料，F 指 Finishing 表面处理工艺），其中的 M 和 F 就能给用户传递触觉感受；此外，当使用微信扫描二维码成功的时候，手机会通过震动的触觉给用户反馈；当在王者荣耀中组队成功的时候，也会通过手机震动的触觉提醒用户赶快单击确认，其他玩家都等着你呢。

再说说不太常用的"嗅觉"和"味觉"。

● "嗅觉"反馈：例如空气净化器产品，其功能之一是去除空气中的异味，当用户开启净化器之后，可以通过"用鼻子闻"的方式感知到空气中异味减轻，就知道空气净化器已经起到了实际的效果。

● "味觉"反馈：主要应用于食品类产品中。硬件产品例如牙刷，如果加点甜味进去会怎么样，会不会让用户体验更好？还可以设计成当甜味消失的时候，表示提醒用户该换牙刷了。

3.1.2　什么是好设计

要做出好的产品设计，有三个条件是必不可少的，即"产品定义""设计原则"和"约束条件"。"产品定义"和"设计原则"已经在 2.3 节和 3.1.1 小节中分别介绍了，那么什么是"约束条件"呢？

所谓"约束条件"，就是在产品的设计过程中，会因为一些客观存在的条件，使得设计过程必须在一个框架范围之内进行。设计约束条件主要包括"技术""工艺"和"成本"三种。

产品定义、设计原则和约束条件三者之间的关系如图 3-5 所示。

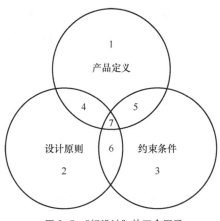

▲图 3-5 "好设计"的三个因子

如图 3-5 所示,每一个圆圈代表"好设计"中需要考虑到的一个因子,三个圆圈交织在一起形成的各个子区域用"1~7"的七个数字来指代。接下来我们看看每个区域所代表的含义。

- 1 号区域(小发明):只考虑产品定义,没有考虑设计原则和约束条件。考虑了产品定义,说明产品确实能解决一些问题,但是因为没有设计,也就没有产品体验可言;没有考虑约束条件,成本也必然失控。这种可以归类为"小发明"型产品。

- 2 号区域(自嗨型):只考虑设计原则,不考虑产品定义和约束条件。这种产品华而不实,无法解决用户的实际需求。这种可以归类为"自嗨型"产品,在设计师创业的项目中有可能会见到。

- 3 号区域(工程机):只考虑约束条件,不考虑产品定义和设计原则。这种情况可能存在于研发工程师自己鼓捣出来的一些东西,可以归类为"工程机"型产品。

1~3 号区域都是比较极端的情况,实际工作中碰到的可能性比较小。但是 4~6 号区域的情况可能就比较常见了。

- 4 号区域(奢侈品):同时考虑了产品定义和设计原则,但忽视了约束条件。产品能解决实际问题,设计也优秀,但是价格非常昂贵,这种可以归类为"奢侈品"型产品。

- 5 号区域（直男款）：同时考虑了产品定义和约束条件，但忽视了设计原则。这种产品能解决问题，价格也厚道，但毫无美感可言，可以归类为"直男款"产品。

- 6 号区域（伪需求）：同时考虑了设计原则和约束条件，但忽视了产品定义。这种产品挺好看，价格也不高，但就是没什么实际用处。这种可以归类为"伪需求"或"礼品型"产品。

分析完 1～3 号区域的比较极端的产品设计，以及 4～6 号区域的不太完美的产品设计，可以知道我们期望的"好设计"就是落在 7 号区域了。既考虑了产品定义让用户觉得产品"真有用"，又考虑了约束条件让用户"买得起"，还考虑了设计原则让用户"用得爽"，三者交叠起来的产品设计，就大概率会是一个好设计。

在实际工作过程中，ID 设计师的考虑顺序一般会是这样的：设计原则>产品定义>约束条件。尤其是在约束条件方面，设计师因为其职位和立场很容易有意无意地忽略了设计方案的技术实现、工艺难度、成本压力等条件。这就需要产品经理在设计过程中，多和设计师沟通，把握好设计三要素的平衡。

另外，规模比较大的企业，一般都会有自己的 ID 设计师团队；而小规模的企业，更可能是与第三方设计公司合作完成产品 ID 设计。

与外部设计公司合作的流程大致为：在确定了商务合作之后，设计公司会先提供"一期草图"，然后优化出"二期草图"，最后"建模"并定稿。

那么，市面上的设计公司有那么多，应该怎么挑选呢？总结起来，可以从设计思路的角度将第三方设计公司分两类。

一类是采用"以量取胜"设计思路的公司。他们会在"一期草图"阶段提供大量的设计方案，一般在 10 份以上甚至更多。很明显此时的方案质量是比较低的，通过方案的数量来对冲成果满足不了甲方需求的风险，说白了就是这么多方案总有一个满意的吧……接着在"二期草图"阶段，他们会对甲方从一期草图中选定的 5～10 份方案进行深化设计，然后再筛选出 2～3 份进行建模，最终从中选定一款。这类公司缺乏前期对产品和行业的调研、理解和设计逻辑分析，其设计方案的特征是"设计元素排列组合""量大""试错"，不过因为一期方案给的方向多，甲方满意的概率也就增大了。

另一类是采用"以质取胜"设计思路的公司。他们会在前期花费大量时间来深入了解甲方的产品以及行业信息，形成自己对产品和市场的理解，进而推导出自己的设计逻辑和思路。这类公司在"一期草图"阶段一般只会给出少量方案，但它们的底层设计逻辑是一致的，只是视觉上的形态有所不同。这类公司做出我们所期望的"好设计"的概率会更大，当然设计费用也相对比较高。

3.2 研发实现

3.2.1 概念产品化

所谓"概念"，就是产品的创意和想法，内容可包括第二章和 3.1 节的"市场分析""用户研究""产品定义"和"产品设计"，明确了这些内容，就基本明确了"为什么要做这款产品"（WHY），以及"这款产品将要做成什么样子"（WHAT）。此时，产品经理需要将 WHY 和 WHAT 的内容整理到 PRD 中，这是从上游产品环节输入给下游研发环节的关键文档，其中需要重点传递给研发人员的是 WHAT 的部分。

但此时的产品仍然只有概念，只有"虚无缥缈"的 PPT、Word 等文档。因此在"概念产品化"的阶段，关键任务是确保产品定义能够实现。接下来展开描述这个阶段的实现过程，尽管每个公司的流程细节不尽相同，但大体思路都是一致的。

1. ID 设计

"ID 设计"就是把产品的框架搭建出来，剩下的细节还需要结构工程师、模具工程师、硬件工程师等人员协同完成。一件新产品从无到有，在壳料的设计上可以分为两个阶段：设计该产品的外观形状，以及设计该产品的内部构造以实现产品功能。

ID 设计师常用的软件工具有：

- Autodesk Alias，这是 Autodesk 公司旗下的计算机辅助工业设计软件；

- Rhino，这是美国 Robert McNeel & Assoc 开发的 PC 上强大的专业 3D 造型软件。

首先，ID 设计师需要具备"丰富"且"适度"的想象力——"丰富"的想象力才能够产出好的产品创意；但想象力也需要"适度"，如果太有想象力，会加大后续结构设计、模具制作以及批量生产的难度。其次，ID 设计师也需要熟悉相关的外观工艺和外观效果知识，在设计的过程中能熟练使用正确的"工艺"来表达所需要的"效果"。最后，ID 设计师对产品的理解要足够深，要让设计直指产品的本质，这部分需要产品经理多介入沟通，确保将产品的理念和定义传递到位。

ID 设计一般分为 3 个阶段："草图"阶段、"平面效果图"阶段和"3D 设计图"阶段。

（1）"草图"阶段：基于设计师的构思，通过草图勾画的方式，快速记录下设计师思考形成的创意。草图是即时灵感的视觉呈现，会比较粗糙，缺少精确的尺寸等几何信息。这时候一般会产出多个方向的设计，可以从中筛选出来若干个，在下一阶段进行更深入的设计。

（2）"平面效果图"阶段：通过 CAD 软件来完成 2D 的视觉表达，意在将草图中模糊的设计进一步清晰化。这个阶段的图纸相比于草图，可以更为清晰地给他人传递产品尺寸以及产品的视觉感受。

（3）"3D 设计图"阶段：通过三维建模的方式，让人能够更直观、更真实地在三维空间中多角度地观察产品形态。3D 模型可以清晰地展示出设计师的设计思想和产品设计细节，相比于最终实物，几乎只有一线之差。

ID 设计可不只是局限于产品外观的轮廓，还包括了用什么颜色、选什么材料、定什么工艺，我们称之为"CMF 设计"。

2. CMF 设计

所谓"CMF"，指代的是"C"（Color，颜色）、"M"（Material，材料）和"F"（Finishing,

指成型工艺与表面处理工艺）。

"C"（颜色）是产品外观效果的第一要素，是人们视觉感受最为直接和重要的部分。不同的颜色可以给用户传递出不同的情感，如表 3-1 所示。

表 3-1　不同颜色所代表的不同情感属性

颜色	代表情感
红色	旺盛、热情、健康、恐惧、兴奋、欢快、喜庆、紧张
黑色	永恒、寂静、神秘、厚重、高雅、严肃、内敛、稳重
黄色	高贵、富有、温和、光明、快乐、轻快、辉煌、希望
白色	光明、纯洁、简单、干净、清爽、朴素、雅致、高级
蓝色	纯净、智慧、清新、冷静、沉稳、安宁、博大、深远
绿色	生机、青春、和平、清新、轻松、舒爽、友善、平静
银灰色	科技、现代、效率、积极、专业、沉稳、冷漠、低调
紫色	浪漫、神秘、高贵、魅力、慈爱、端庄、尊贵、爱情
棕色	质朴、可靠、踏实、健康、保守、忠实、包容、无私

在硬件产品中，主要使用的"M"（材料）为"塑料"和"金属"，不太常用的材料则有精密陶瓷、玻璃、皮革、板材、纺织面料等。

不同的材料有着各自对应的"F"（成型工艺与表面处理工艺）。

成型工艺：把原材料加工成为产品，例如将颗粒状、粉状、条状、块状的基础原材料塑型成为产品的某一个部件。

表面处理工艺：在成型工艺的基础上，对产品部件进一步加工，使其性能或者装饰效果得到进一步的提升。

可以这么比喻，"成型工艺"赋予了产品"身体"，"表面处理工艺"赋予了产品"脸面"。

除了 CMF 三大要素之外，还有另外一个重要的要素"P"（Pattern：图纹）。所以在 CMF 设计领域中，大家说得更多的是"CMFP"，而不只是 CMF。

"ID 设计"之后会进入"MD 设计",即在三维 ID 的基础上进行具体的结构设计。因此在 ID 设计阶段,MD 工程师、硬件产品经理也需要参与,共同沟通产品的尺寸、结构、性能等要求,这些都需要在设计初期就一并考虑。

3. 结构设计

在 ID 锁定之后,就进入了"结构设计"的阶段。

产品的"结构设计"指的是结构工程师根据产品功能来进行内部结构设计的工作。

结构设计的过程,包括以下几个方面。

（1）根据外观模型来进行零件的分件。

（2）确定各个部件的固定方法。

（3）设计产品的使用方式和运动功能的实现。

（4）确定产品各部分使用的材料和表面处理工艺等。

（5）另外,结构设计过程中还需要综合考虑外形、成本、性能、可制造性、可装配性、维修、运输等多个方面的因素。

结构设计主要是结构工程师的工作,产品经理参与得相对比较少,但产品经理也需要去主动了解和学习结构工程的相关基础知识,这里推荐几本相关的图书。

《塑料品种与选用》,化学工业出版社,作者:张玉龙/石磊。

《金属材料常识普及读本》,机械工业出版社,作者:陈永。

《CMF 设计教程》,化学工业出版社,作者:李亦文/黄明富/刘锐。

4. 硬件设计

"硬件设计"指的是电子电路部分的设计,整个设计过程包括设计需求分析、原理图设计、PCB 设计几个阶段,下面对这三个阶段进行详细介绍。

（1）**设计需求分析**：硬件工程师在接收到产品经理输出的 PRD 文件之后，会对其中硬件部分的需求进行分析，形成硬件设计方案，来决定如何选用电路核心元器件以及设计典型电路。

（2）**原理图设计**：原理图设计是电路设计的核心，包括"元器件选型"和"绘制原理图"两个阶段。所谓"元器件"指的是芯片、电阻、电容、二极管、晶振、电源模块、传感器、存储器等物料。元器件的选择是否优质（保证性能）、合理（保证成本），将直接影响整个硬件电路以及最终成品的性能表现。确定好选型之后，就可以开始绘制原理图了。

（3）**PCB 设计**：原理图输出之后进入 PCB 工程师负责的 PCB 设计环节（也称"PCB layout"，我们经常听到的"lay 板"指的就是这个环节）。"PCB"即 Printed Circuit Board，就是印制电路板。PCB 由绝缘底板、连接导线和装配焊接电子元件的焊盘组成，起到导电线路和绝缘地板的双重作用，本质上是为了实现各元器件的电气互联。

PCB 按照电路层数可划分为"单面板""双面板"和"多层板"。

单面板：单面板的元件集中在一面，导线集中在另一面，因为导线集中在一面，所以称之为单面板。

双面板：顾名思义，就是两面都有导线，两面之间的导线通过"导孔"作为桥梁来连接。双面板解决了单面板容易导线交错的问题，适用于复杂的电路上。

多层板：常见的多层板一般为 4 层板或者 6 层板，复杂的甚至可以达到几十层。

PCB 设计以硬件工程师输出的原理图作为设计依据，来实现硬件电路的功能。PCB 设计首先要设置物理边框，这是 PCB 设计的基本范围。接着引入原理图中涉及的元器件和电路网络，进行元器件布局（需考虑元器件的放置顺序、位置、方向）和电路板布线（需考虑导线的位置、宽度、长度、角度）。

可以这么比喻，原理图好比"建筑图纸"，PCB 设计好比"按图施工"，PCB 设计相对来说是难度较低的工作内容。

PCB 设计完成后，便可将设计图发给 PCB 制造厂安排"打样"。PCB 打样的次数和数量没有限制，一般在硬件设计未完全确定和完成测试之前都可称之为打样。打样回来之后，就可以安排制作"PCBA"了。

PCBA：Printed Circuit Board Assembly（欧美的标准缩写是 PCB'A），指的是 PCB 空板经过"SMT"或者"DIP"插件的整个制作过程。

SMT：Surface Mounted Technology，即表面贴装技术，也叫贴片，简单地讲，就是通过贴片机把一些微小型的元器件贴装到 PCB 上。

DIP：Dual in-line Package，即双列直插封装，DIP 插件是指在 PCB 上插入无法使用 SMT 进行贴装的较大型的元器件。

PCBA 制作完成后，硬件工程师就可以开始进行"硬件自测"。如果测试出现问题就修改，重复一遍"原理图、PCB layout、PCB 打样、PCBA 制作"的过程，根据问题点和更改的内容具体是什么来确定从哪个环节重新开始。如果"硬件测试"通过，那么硬件设计环节结束，将生产资料整理、打包、移交就可以了。

5. 固件开发

与"硬件设计"相伴的，是"固件开发"。

固件，即 Firmware，之所以叫作"固"件，可以理解为是"固化的软件"，广泛地存在于各种电子产品中。

以前的固件一旦烧录入芯片之后，后续就再也无法更改，这一方面是技术原因，另一方面也是因为需求端没有要求固件可以进行升级操作，所以即便固件后续出现了严重的 bug，也只能将写好程序的芯片拆卸下来更换。

随着技术的发展，修改固件以适应不断更新的硬件环境已经成为了标配需求，可重复擦写的芯片也出现了。当前的固件大多可以通过"OTA"（Over the Air，空中升级）技术来升级，所以目前固件和软件的区分和界限也越来越模糊，"固件已经不固"。

固件担负着一个硬件系统最基础、最底层的工作，可以理解为硬件的操作系统。固件好比是硬件设备的灵魂，没有固件的 PCBA，就像一块"砖头"一样什么也干不了。固件的容量也有大小之分，大的可达几百 MB，小的只有几 KB，甚至不足 1KB。

6. 手板制作

在结构设计完成之后，需要制作"手板"（Prototype）来验证产品结构的可行性。刚设计完的产品离最终可量产的状态，可能还差得很远，所以需要通过制作手板来进行验证，确保没问题之后才能进入模具设计阶段，因为模具的成本一般都比较高，需要确保设计图纸没问题之后才能投入。

手板："手板"一词属于行业俗语（也有叫"首板"），即产品在定型之前少量制造的验证样件，专业术语也叫作"样件""验证件""样板""等比例模型"等。

硬件产品的壳料都需要通过"模具"来批量生产。"手板"就是在投模之前，根据产品外观图纸、结构图纸先做出的若干个样件，来验证外观情况和结构合理性。按照手板的用途不同，可以分为"外观手板""结构手板"和"功能手板"三种。

（1）**外观手板**：主要用于验证"产品的外观设计"，对外观要求很高，视觉上和量产产品比较接近，但内部结构无处理，有时甚至是实心的。

（2）**结构手板**：主要用于验证"结构设计的合理性"，对产品尺寸、内部结构要求高，对外观要求较低。

（3）**功能手板**：功能手板的综合要求最高，需要做到和最终产品一样的外观、结构和功能。当结构设计和硬件设计都完成之后，就可以安排制作功能手板了。

7. 硬件测试

"硬件测试"指的是"测试工程师"站在用户的角度，从功能、性能、可靠性、兼容性、稳定性等方面对产品的硬件（主板）进行的严格测试。硬件测试是产品从研发走向生产的关键把关环节。以下简单介绍几个重要的测试环节。

（1）**功能测试**：测试产品设计的功能有没有得到实现。

（2）**性能测试**：测试已经实现的功能性能表现如何。

可以用打分的逻辑来理解，功能测试在于验证产品功能的有（1 分）或无（0 分），而性能测试则是验证产品功能在 1 分之上，到底能打多少分。

（3）**可靠性测试**：给产品施加各种外部不利条件，观察产品表现能否稳定，是否足够"可靠"。比如把温度调高或者调低（"高低温测试"：模拟热带寒带环境），加点盐雾环境（"盐雾测试"：模拟海运场景），给产品震一震颠簸下（"震动测试"：模拟物流环境），再往地上摔一摔（"跌落测试"：模拟产品不小心摔地上了），看看产品被"蹂躏"一番之后，表现是否依然良好。

以上大致介绍了 ID 设计（含 CMF 设计）、结构设计、硬件设计、固件开发、手板制作、硬件测试等关键环节。如果是智能硬件产品的话，那么还会有 APP 开发、云平台开发，以及软件联调、软件测试等环节。有了 APP，就可以通过手机等控制终端对设备进行操控。有了云平台，控制终端就能够在广域网（例如 4G 网络，控制终端和设备不在同一个局域网）的环境下对设备进行操控。

所有这些环节并不都是串行的，比如像 ID 设计和硬件设计就可以并行，但总体的逻辑顺序就是按照上面的描述进行的。对于所有的这些环节，作为硬件产品经理，虽然不需要做到每个方面都精通，但至少要对各个环节都有所了解。那么应该学习、了解到什么程度才算够呢？可以这样来判断，作为硬件产品经理，当你在项目推进过程中碰到了问题，与 ID、CMF、结构、硬件、固件、测试等相关同事沟通时，你能听懂他们的话，而且你也可以站在对方角度准确地传递你的需求和建议，基本就可以了。

以上几个关键步骤完成之后，你手上就有了一台可以正常工作的功能样机。这时候立项之初虚无缥缈的 PPT，终于落地成为了眼前实实在在的一台功能样机，这就是"概念产品化"的过程。在概念产品化的阶段，注意一方面要正确地评估关键功能的技术难度，另一方面需要集中资源确保能够实现关键功能。

在"概念产品化"之后，我们得到了一台"功能样机"，很显然这台功能样机是无法批量生产的，也还无法正常上市销售，因此可以称之为"产品"但无法称之为"商品"，那么下一个阶段就是"产品商业化"。

3.2.2 产品商业化

产品商业化，就是把"产品"变成"商品"的过程。

所谓"商品"，是可用于交换以获得收入的劳动产品。

也就是说，"商品"也是"产品"，而"产品"则不一定是"商品"。上一节中提到，经过"概念产品化"的"产品"还不是"商品"，这种状态下的产品，放到市场上卖是行不通的，因为尚不具备可量产性和可交易性。在"产品商业（商品）化"的阶段，还需要经过模具开发、产品认证、生产备料、试产量产等环节。

1. 模具开发

在结构设计完成之后，就可以进入"模具设计"了，有了模具以后，壳料才具备了批量生产的条件。

所谓"模具"，就是以一种特定的结构，通过一定方式（如注塑、吹塑、挤出、压铸、锻压成型、冶炼、冲压等）使材料成型的一种工业产品。

简单地说，"模具"就是一个让所成型材料通过物理状态的改变，来实现物品外形加工的工具。大到汽车，小到圆珠笔，都需要有模具才能实现产品成型和批量生产。模具主要分为两类：一种是加工金属的模具，另一种是加工非金属（例如塑料模、橡胶模等）和粉末冶金的模具。

模具本身其实也是一个产品，这个产品的开发流程包括 ESI（Early Supplier Involvement，供应商早期参与）、报价、订单、模具设计、采购材料、模具加工、模具装配、试模、样板评估报告等环节。ESI 是模具厂在早期为了明确客户需求，提前参与，为后续模具的产品工艺、性能要求等提前做好准备。报价和订单就不用多说了。模具设计可能用到的软件有 Pro/Engineer、UG、Solidworks、AutoCAD 等。模具加工包括的工序有车、铣、热处理、磨、锣（CNC）、电火花、线切割、坐标磨、激光刻字、抛光等。

模具制做好之后，就需要进行"试模"了，因为模具试模也叫作"Trial Run"，所以一般模具制做好的当天，我们称之为"T0"。第一次试模叫作"T1"，如果 T1 还有问题那就需要继续修模，然后第二次试模就叫作"T2"……以此类推，直到最后一次试模完成并确保模具完全没有问题了，我们称之为"Tn"，或者叫"Tf"（final）。Tn 之后模具厂会出具样板评估报告（Sample Estimate Report，SER），客户签字确认后，模具便开发完成并交付使用。有了模具之后，就可以开始批量生产产品所需要的零部件了。

2．产品认证

所谓"认证"，指的是由认证机构来证明产品、服务、管理体系符合相关技术规范的强制性或者自愿性的标准。

认证包括针对公司本身的"体系认证"，以及针对产品本身的"产品认证"，这里主要讲的是后者。

强制性认证是必须要做的，是产品能被官方允许上市销售的行政准入标准，例如"CCC"（China Compulsory Certification，又称"3C"）。所有列入"CCC"目录的在国内销售的产品，都需要获得"CCC"认证，否则该产品就不能上市销售。"CCC"是中国市场的认证要求，其他市场也有各自的认证要求，如欧盟的标准为"CE" [1]，美国的标准为"FCC"（Federal Communications Commission）。全球范围内还有很多其他的认证，这里限于篇幅就不展开了。

下面以"CCC"为例，简要介绍一个产品从开始申请认证到最终拿到证书，中间所需要经过的各个环节。

（1）首先是申请受理阶段，公司发起认证申请之后，认证机构会通知公司提交所需要的资料，例如原理图、关键元器件、主要原材料清单等。

（2）公司提交资料、付款，然后认证机构对公司提交的资料进行审查。

（3）若资料审查结果没问题，认证机构就会通知公司提交样品到指定的检测机构（认证机构自己一般不测试）。

---

[1] CE 为法语 "Conformité Européenne" 的缩写，对应英文 "European conformity"，表示 "符合欧洲标准"。

（4）样品提交后，检测机构会填写样品验收报告，如果样品不合格，检测机构会要求企业整改后再重新提交。

（5）样品验收之后，就可以开始正式的样品测试了，测试过程中若出现不合格项，企业需要按照整改通知对产品进行整改。

（6）测试结束之后，检测机构提供测试结果通知，同时将测试报告等资料发送给认证机构。

（7）如果生产产品的工厂（可能是企业自己的工厂，也可能是供应商的工厂）此前没有经历过审查，那么还需要进行"工厂审查"。在工厂审查时安排产线开动，按照检查组的要求配合审查工作，如有不符合项，需要及时完成整改。

如果以上环节都顺利通过了，那么就可以拿到认证机构签发的证书了。

3. 生产备料

在产品设计确认之后、备料之前，需要项目团队出具产品的"BOM"。

BOM：全称为 Bill of Materials，即产品物料清单。在这份清单里面，可以看到一个产品以最小颗粒度拆解下来的所有物料明细。

预 BOM（Pre-BOM）：有些公司会增加预 BOM 的环节，预 BOM 里的物料是 BOM 的子集，主要为长周期物料，可以实现提前备料的目的。

"BOM"会由产品项目组的各个单元同时分别出具，即硬件工程师出具电子 BOM，结构工程师出具结构 BOM，包材工程师出具包材 BOM 等，然后汇总到一起成为一份完整的产品BOM。有了这份 BOM，采购员才有了物料采购的依据。在一份 BOM 里面，从采购周期的角度来看，一般会分为"长周期物料"和"短周期物料"。为了保证产品能够及时上线生产，长周期物料需要提前备好，有些物料的采购周期长达两个月甚至更久，需要提前下单采购。同时为了达到"最小化库存"以及"最大化资金使用效率"的目的，短周期物料会稍微滞后一些采购，保证上线之前能够及时到位即可，无须和长周期物料一同安排。

公司内部有了采购需求，就会发起"PR"（Purchase Requirement，请购单），请购需求审批通过之后由采购下发"PO"（Purchase Order，采购订单）给到供应商。公司对于供应商来讲是客户，从客户下单到供应商交货之间的时间，我们称之为"LT"（Lead Time，前置时间，也称订货交付时间）。

4. 试产量产

生产产品所需的物料到齐（也称"物料齐套"）之后，就可以安排生产了。此时还不能直接量产，需要有至少一次甚至多次的试产过程。所谓"试产"（Production Pilot，PP），顾名思义就是"试着生产"。此时，一方面生产线的设备还没调试到最优的状态，另一方面也需要先试着跑一下生产流程，看看哪个环节会出现什么问题、如何改进，总之就是要在大规模生产之前，提前发现生产现场可能发生的潜在问题，并针对性地予以改正和优化。

如果试产出现了比较多的问题，可能还需要进行二次试产。一般来说，试产是比较少能够一次性通过的。当试产中出现的问题都被妥善地解决了之后，就可以进入大规模批量生产的"量产阶段"（Mass Production，MP）了，这时候业务端就可以开始下批量订单，为产品销售作准备了。

产品继"从 0 到 1 的概念产品化"之后，至此完整地实现了"从 1 到 N 的产品商业化"。接下来，产品顺利量产之后，我们就进入下一个阶段——供应链管理。

3.3 供应链管理

3.3.1 供应链概述

供应链指的是一个产品从零部件、到半成品、再到成品，然后通过销售网络把产品送到用户手中，这个从上游到下游的整体网链结构。

在整个供应链结构中，涉及多重角色，包括做硬件产品的企业本身，也是供应链中的一环。企业的上游为"供应商"，下游为"客户"。

我们都知道中国在全球供应链中处于非常重要的位置，那么到底有多重要呢？其实挺难讲清楚，因为全球供应链本来就是一个极度复杂的系统，大多数人都搞不懂它的内在格局。我们从各种报道上经常可以看到，跨国公司在努力把供应链从中国转移出去，但结果却是对中国的供应链越来越依赖。以苹果公司为例，尽管这几年苹果公司的供应商在印度、巴西等地陆续建厂，但根据苹果公司每年公布的年度前 200 大供应商名单来看，其对中国供应链的依赖程度只增不减。

另外，亚马逊平台对中国制造的依赖也是越来越强。2017 年亚马逊上的中国卖家占比是 25%，到了 2019 年该占比提升到了 38%。欧洲国家的情况也是类似。当然也有从中国转移出去的供应链，但多数以低端产业为主，中国在高端产业供应链中的占比反而是越来越高。

为什么全球供应链离不开中国？这是因为中国的供应链有两大优势，一是"分工"非常细，二是"网络"非常大。

"分工细"就是把产品的生产流程拆得很细，每个企业只专注于其中的某个环节和零部件即可，做到了高度专业化，使生产效率得到了极大的提升。分工虽然细，但是企业的数量众多，形成了庞大的分工合作"网络"。这个网络把产品生产所需要的各个环节都覆盖到了，各种零部件就像搭积木一样，可以创造性地组合成各种各样的产品。

"分工细"与"网络大"的两大特点，给中国供应链带来了"效率高"和"规模大"的两大核心竞争力。"效率高"保证了响应速度快，"规模大"保证了不仅快、成本还低。富士康在郑州的工厂，一天可以生产 50～60 万台苹果手机，换算下约为一分钟 350～400 台，每个月的产能达到 1500 万台以上，这个规模和速度确实惊人。

我国的供应链水平在国际上位列前茅，尤其是长三角和珠三角地区。下面我们就来分析，如何利用好这个优势，在实际工作中做好供应链管理。

3.3.2　如何做好供应链管理

企业中的供应链管理主要包括商务、成本、采购、计划、仓储物流等方面，我们逐一展开来看。

1. 商务

"商务"在一些企业里面对应一个单独的岗位，而在另外一些企业则是集成在了采购岗位的职能中。商务的主要工作包括：寻源、谈价、供应商管理等。

"寻源"（也叫"Sourcing"）就是找到合适的供应商资源。一般在以下两种情况下，需要做供应商寻源：

- 为新产品找到合格的供应商；

- 由于某些原因（例如成本迭代、产地转移等）需要寻找新的合格供应商。

寻源一般是一次性行为，在选定了之后一般会比较稳定，除非供应商出现了质量、价格、交付等问题并且无法解决，才会寻求替换。

一个完整的供应商寻源过程包括四个阶段：需求分析、供应商寻源、供应商分析和供应商决策。

（1）**需求分析**：首先当然是要明白需求是什么，这是寻找供应商的主要依据。采购需求一般是由产品经理、电子研发人员或者结构研发人员来提供。一般来讲，采购需求会包括材料要求、工艺要求、数量要求、品质要求、地域要求（对于体积大且重的物料，这一点就比较重要）、规模要求、时间要求等。

（2）**供应商寻源**：了解清楚需求之后，就要开始寻找供应商了。成熟的企业会有现成的内部供应商资源库，大多数情况下资源库中就可以找到合适的。如果没有资源库，那么就需要到外部去寻找。常见的寻源渠道有以下几种：

- 门户网站信息搜索（如百度、阿里巴巴、慧聪网、世界工厂网等）；

- 参加行业性展会，通过现场咨询和洽谈获取资源；

- 通过上下游供应商等行业合作伙伴介绍；

- 在产业集中地考察（如佛山为小家电集中地，如果寻找小家电产品供应商的话，到佛山跑一圈就可以大有收获）；

- 通过自身的人脉积累。

对于某些小企业来说，产品经理也可能会承担寻源的工作。寻源工作需要对行业的基本了解。例如智能硬件行业，供应链集中地主要在珠三角地区，如果跑到其他地方去找，那势必事倍功半。再如想找表面处理的供应商，如果只盯着深圳来找，那么成本控制肯定做得不好。因为表面处理这种工艺对环境的污染很大，再加上深圳高昂的用地成本，相关企业早就迁移到深圳周边去了；如果还没搬，那要么最终的采购成本比较高，要么早晚会因为供应商搬迁导致供应链系统不稳定。

（3）**供应商分析**：通过上述渠道确定初步的供应商列表（LL：Long List，又称供应商长名单）后，可以通过以下几个维度进行分析，对备选的供应商做出横向的评估对比。

- 供应商的"产品能力"：包括"制造能力"（即 OEM 能力）和"研发能力"（即 ODM 能力）。

- 供应商的产能：每月能做多少量，能分配给客户多少产能，这决定了供应商后续的供货保证和 LT 时间。

- 生产品质管理：通过审厂来评估。

- 产品的品质标准界定。

- 商务条件：主要包括 BOM 报价、模具报价、付款条件、交付周期等。

- 供应链管理能力：指对二级供应商（供应商的供应商）的管理能力。

- 供应商的抗风险能力等。

（4）**供应商决策**：完成上述各个维度的供应商分析之后，就可以做最后的供应商决策了，选定 1~n 家供应商（SL：Short List，供应商短名单）。一般会选择两家，一家作为主供应商，另一家作为备用供应商。

选定了供应商之后，就可以开始进行"谈价"了。从采购的角度来看，我们当然希望所有原材料都能拿到一个好价格。所谓"好价格"并不是指最低的价格，而是要结合产品的品质来看，好的产品加上合适的价格才是比较理想的状态。采购工作和我们日常买东西的道理类似，所谓"便宜没好货，好货不便宜"，这值得我们注意。那么如何进行谈价呢？

- 如果采购的是单个原材料还好，采购人员在寻源过程中多问几家供应商，然后去掉一个最高价，去掉一个最低价，在中间几家供应商中通过前面的供应商分析来选定最终合适的。

- 如果采购对象是整机供应商（OEM 或者 ODM 厂家），那他们提供的采购报价就相对复杂一些，采购人员需要对产品的成本结构了解得比较透彻（所以要做"成本分析"的工作），才能比较好地识别出供应商报价是否合理。

- 对于市场行情要有所了解。例如有些供应商会在行业基础的报价水平上，增加一些差异化优势来提高价格。如果我们能够清楚地知道所谓的差异性优势其实并非不可替代，甚至是同质化的，那么就可以避免掉这种无谓的抬价。

在与供应商建立了合作关系之后，可以定期安排一些活动作为"供应商管理"的手段。这些活动包括"信息交流""供应商激励"和"供应商评价"。

（1）**信息交流**：在企业和供应商之间，可以就行业信息、产品技术、市场趋势、成本信息、品质把控等各方面信息进行定期交流，保持双方之间信息的一致性和准确性。

（2）**供应商激励**：要想保持长期的互利共赢，对供应商的激励就显得尤为重要。格力电器在这方面做得比较好，读者有兴趣的话可以去了解一下。

（3）**供应商评价**：维护一个供应商评价的表格，里面从若干维度来对一家供应商的综合表现做出评价。供应商评价可以和回访一起做，可以固定周期，比如每个季度一次。评价维度可以从公司内部各部门收集，如供应链部门、产品部门、研发部门等，然后带着评价表格到供应商处拜访交流，定期总结上个周期做得好的经验以及需要提升的不足之处。这项工作对于未来的合作关系和合作质量的提升都会有很大的帮助。

2. 成本

在同样的产品性能和品质的前提下，产品成本越低，产品的竞争力就越强。高质量能保证企业有持续的生命力，低成本则能让企业拥有更多的利润空间和更大的发展空间。

从产品角度出发来控制成本，有一种思路是"为 80%的人做 80%最主要的功能，对于剩下的两个 20%则不需要花费太多的精力和金钱"，换句话说就是"要把成本花在刀刃上"。

从供应链的角度来看，可以采取的成本控制措施有如下几种。

（1）**集中采购**：我们都知道，东西买得越多价格就越有优势，所以在采购过程中需要避免多供应商、多批次的零散采购。

（2）**整合采购**：研发人员会给采购人员提需求，采购人员也要反向给研发人员提要求，对于功能、性能一样或者相差不大的物料，最好整合成为同一款物料来采购，尽可能地提升"通用物料"的比例，降低"专用物料"的比例。

（3）**长期采购**：如果有大批量采购，可以和供应商签订长期稳定的供应合同，此时价格就会有优势。

（4）**库存压力转移**：如果采购量大了，容易造成库存积压的问题，这样既占用库存、增加仓储管理难度，也增加了企业的资金压力。对于大批量的采购，可以要求供应商分批交货。说白了就是尽量去占用供应商的仓库，而不是自己家的仓库，但做到这点需要企业在供应链中处于比较强势的地位。

（5）**呆滞料管理**：如果物料放到自己家仓库了，一段时间之后使用量和频度都急剧下降，成为了呆滞料（物料的最后移动日至盘查日已经超过 180 天），那么也需要及时处理。呆滞料要么退货，要么报废，要避免一直占用库存空间。

（6）**夕阳产品转移**：有些产品在初期的时候为企业创造了不少价值，但随着行业的发展或者企业自身的进步，这些产品的利润空间已经不大，对企业的整体贡献也逐渐变小。这些产品可以找别人做，没有必要全部自己生产，从而为企业节约更多人力成本。

3. 采购

所谓"采购"，是指企业在一定条件下从供应市场获取产品或者服务作为企业资源，以保证企业生产及经营活动正常开展的一项企业经营活动。简单地说，采购就是从市场获取资源的过程。

采购包括两个部分，一个是"商流"过程，另一个是"物流"过程，其中商流过程可归入前文中提到的商务部分。采购的最终目的是将资源从供方手中转移到需方手中。这个转移分为两个阶段，一个是商流过程的"所有权转移"，另一个是"产品物理实体的转移"。商流过程通过合同签订、财务付款等环节来实现所有权的转移。物流过程主要通过包装、运输、存储、装卸、流通加工等手段来实现商品在时间和空间上的转移。

采购是一种经济活动。采购获得了资源，这是为企业带来的收益。获得资源的同时，也需要付出代价，这是采购成本。企业追求采购经济效益的最大化，就是要提升采购收益、降低采购成本。影响采购效益的因素包括"品质、价格、交期、服务、配合度"等，这些都很好理解。

在采购成本确定之后，采购流程还包括"索样、评估、请购、订购、协调沟通、催交、进货验收、付款"等环节。

4. 计划

计划可以拆解为 5 个层级："需求计划""主生产计划（MPS）""物料需求计划（MRP）""采购计划"和"配送需求计划（DRP）"。

（1）**需求计划**：也叫 Forecast（FC），是基于历史订单、现有订单、市场情况、企业战略情况来预测未来有多少需求。换句话说，就是从市场客户端的角度，预测未来每个月/周/天预计的销售量会有多少。

（2）**主生产计划**（Master Production Schedule，MPS）：确定每一个具体的产品在每一具体时间段之内的生产数量。企业需要根据经营规划和销售规划去制定与之协调的 MPS，即根据需求和产能平衡，计划何时生产多少。

（3）**物料需求计划**（Material Requirement Planning，MRP）：在需求和主生产计划明确的前提下，结合产品 BOM 分解出"何时"需要"多少"材料和部件。一般这个步骤都是通过 ERP 系统由计算机自动运算出来的。

（4）**采购计划**：基于 MRP 制定采购计划，即向谁采购什么、何时下订单、要求何时到货。

（5）**配送需求计划**（Delivery Requirement Planning，DRP）：在拥有多个成品仓库时，需要计划如何安排每个仓库的配送计划。

可以看到，需求计划是所有计划中的源头，如果这个预测严重不准，可以想象到后面的计划会有多么混乱。对于需求计划，一般会由市场人员或者产品人员提供，或者合作提供。

5. 仓储物流

所谓仓储物流（Warehousing Logistics），就是在自建或者租赁的库房中，储存、装卸、搬运、配送货物，以仓储为中心，促进生产和市场的同步。

仓储物流包括了两个概念："仓储"和"物流"。

"仓储"主要做的是"入库管理""在库管理"和"出库管理"3 件事情。仓储本质上也是物流中的一个环节，服务于生产和交易。

"物流"的概念最早形成于美国。所谓"物流"就是"物的流通"，是供应链活动中的一部分。

"物流管理"主要包括 6 个方面的内容：运输、仓库、包装、搬运、流通加工和信息管理。

（1）**运输**：使用某种交通工具（如货车、轮船、飞机等）将物品从 A 点运送到 B 点。

（2）**仓库**：物流链条中的节点。

（3）**包装**：在流通过程中为了保护产品、方便储运或者促进销售而采用的容器、材料等。

（4）**搬运**：在同一场所内，对物品进行以水平移动为主的物流作业。

（5）**流通加工**：在物品从产地到使用地的过程中，根据需要对物品采用包装、分割、计量、分拣、刷标志、拴标签、组装等简单作业。

（6）**信息管理**：对物流过程中的相关信息流的处理。

供应链管理本身就是一个对专业能力要求很高的领域，其中还细分出了许许多多的职位。对于产品经理来说，对供应链管理的总体逻辑有所了解即可，本书限于篇幅也无法介绍得过于具体和深入。

至此，我们完整介绍了一个产品从无到有的全过程，这个过程我们称之为"项目"。那么为了保证项目能够高效、优质地顺利完成，我们应该如何做好项目管理呢？我们继续进入下一节"项目管理"的内容。

3.4　项目管理

3.4.1　项目管理概述

"项目管理"的概念历史悠久，当前属于管理学的一个分支。项目和项目管理的定义如下。

"项目"指的是为了创造独特的产品、服务或成果而进行的临时性工作。"项目管理"指的是在项目活动中，运用专门的知识、技能、工具和方法，使项目能够在资源限定的条件下，实现或超过设定需求的过程。

1917 年，美国一位名叫亨利·甘特的工程师发明了著名的"甘特图"。"甘特图"是一张标注了清晰的计划与实际完成情况的图表。自此之后，项目管理的概念和观念开始逐步流行。进入 20 世纪 90 年代之后，项目管理开始逐渐标准化。国际上有三大项目管理的研究体系，具体如下。

（1）国际项目管理协会（International Project Management Association，IPMA），成立于 1995 年，总部设立在瑞士洛桑。IPMA 根据国际项目管理专业资质标准（IPMA Competence Baseline，ICB）为项目管理专业人员颁发 4 个等级的 IPMP（International Project Manager Professional，国际项目管理专业）认证证书。

（2）英国的受控环境下的项目管理体系（Project IN Controlled Environment，PRINCE），其推出的第 2 个重要版本 PRINCE2 描述了如何以一种有逻辑性、有组织的方法，按照明确的步骤对项目进行管理，是一个结构化非常清晰的项目管理流程。

（3）美国的项目管理协会（Project Management Institute，PMI），成立于 1969 年，是全球领先的项目管理行业倡导者，制定了项目管理的行业标准，由其组织编写的《项目管理知识体系指南》是项目管理领域中非常权威的教科书，被誉为"项目管理圣经"。如果你身边有朋友是做项目经理的话，肯定会听说过他们考过或者准备考"PMP"证书。PMP（Project Management Professional）指的是项目管理专业人士的资格认证，该考试就是由 PMI 举办的，已经在全球 190 多个国家和地区推广。

有的公司会配备专门的项目经理与产品经理合作，也有些规模较小的公司的产品经理兼任了项目经理的职能。对于后一种情况中的产品经理，多了解一些项目管理的知识，对于产品立项之后的项目推动，会有很大的帮助。当然，对于有配备项目经理的产品经理，多学习些项目管理的知识，肯定也是有益无害的。

在《项目管理知识体系指南》一书中，对项目管理进行了结构性划分，分为"十大知识领域"和"五大过程组"，总共有 49 个子过程。

1. 十大知识领域

项目管理的十大领域分别是整合管理、范围管理、进度管理、成本管理、质量管理、干系人管理、资源管理、采购管理、沟通管理和风险管理。其中，"范围、进度、成本、质量"是最主要的四个核心领域，"干系人、资源、采购、沟通、风险"是五个辅助领域，外加一个"整合"领域，总结如图 3-6 所示。

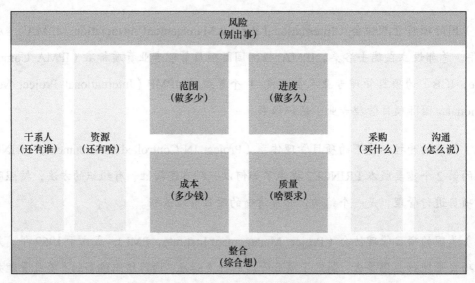

▲图 3-6　项目管理的十大知识领域

（1）**干系人管理**：在明确了产品规划和产品定义并通过评审之后，项目经理就可以安排立项了。立项之初的第一件事情，就是召集项目干系人，这是因为项目经理是一个充分调动和运用资源的角色，需要时刻考虑除了自己之外，还有谁可以用。如果不考虑老板等领导层的话，项目干系人最主要的构成就是项目组成员。对于硬件产品的项目来说，常见的项目组成员角色如表 3-2 所示。

表 3-2　项目组成员的角色和主要职责

角色	主要职责
硬件产品经理	输出总需求
软件产品经理	输出产品软件部分的需求
项目经理	项目管理
硬件工程师	硬件设计
PCB 工程师	PCB 设计和制作
固件开发工程师	固件开发
APP 开发工程师（安卓、iOS）	开发硬件产品配套的手机 APP
云平台开发工程师	云平台开发
硬件测试工程师	测试产品的硬件部分
软件测试工程师	测试产品的软件部分

续表

角色	主要职责
工业设计师	产品 ID 设计
结构工程师	产品结构设计
UI 设计师	产品软件 UI 设计
平面设计师	产品标贴等平面物料设计
文档工程师	说明书物料编写
质量工程师	产品质量管理
项目工程师	产品工程实现

（2）**范围管理**：对于项目经理来说，项目的范围就是产品的需求，而产品的需求主要来自产品经理。在项目立项时，就要清晰明确地知道项目过程中需要做哪些事情，以及预期的交付结果与项目成果如何。

（3）**进度管理**：范围只是目标，要想让目标落地，就需要将其拆解成具体的步骤来一步步地实现。进度管理是指在预期时间限制之内，将范围内的所有任务进行分解，规划好阶段性的步骤，同时明确每个里程碑节点的目标成果和时间安排。

（4）**成本管理**：项目开始的时候，就需要预判未来需要花费的成本会有多少。对于硬件项目来说，常见的成本项包括人力成本、手板费用、打样费用、开模费用、认证费用、首批单备料采购费用等。

其中人力成本以"人月"来体现。"人月"是工作量的计量单位，1 个人工作 1 个月，就是 1 个人月。假如一个项目前期投入 3 个人工作 3 个月，中期 5 个人工作 2 个月，后期 0.5 人（相当于这个人只有一半精力投入此项目）工作 2 个月，那么总的工作量就是：3 人×3 月 + 5 人×2 月 + 0.5 人×2 月 = 20 人月。如果需要的话，再把人月数乘以公司的平均月薪，就可以得到以人民币为单位的人力成本了。

（5）**质量管理**：华为在质量管理上有这么一句话——"质量就是符合要求"，不符合要求或者超出要求太多，都是不可取的。在立项之时就需要明确最终交付物的质量要求，然后以终为始，思考需要引入哪些必要的流程和方法，来保障项目质量目标的最终达成。

（6）**资源管理**：这里的资源包括公司内部和外部的资源，项目经理需要时刻考虑公司内、公司外还有哪些资源是可以为项目服务的。

（7）**采购管理**：在整个项目过程中，产品打样、手板制作、模具开发、物料备料等需要内部花钱置换外部资源的环节，都涉及采购工作。

（8）**沟通管理**：在项目进行过程中，需要项目组成员经常性地沟通，包括线上工作群、项目例会、站立会、点对点沟通等。

（9）**风险管理**：需要提前梳理哪些因素可能会导致项目目标无法如预期完成，做好系统性的风险识别，并分别制定好应对策略。

（10）**整合管理**：在前面九个领域的基础上，站在整个项目的层面上对项目进行管理的工作。换句话说，就是要通过整合管理将项目管理的另外九个领域联系起来，使其成为一个有机的整体。

2. 五大过程组

在管理学中有一个"PDCA"的概念，就是 Plan（计划）、Do（执行）、Check（检查）和 Act（行动）四个环节循环进行，也叫"戴明环"。戴明环既有闭环，又有循环。

PMI 遵循"PDCA"的法则，将项目管理活动分为五个过程组，分别是启动过程组、规划过程组、执行过程组、监控过程组和收尾过程组。

（1）**启动过程组**：这个过程即"立项"，意味着我们正式开始了一个项目。立项需要召集所有项目干系人，召开项目启动会。在启动会中，需要和项目团队介绍清楚项目背景、项目范围、时间要求等关键信息。立项会议是一个比较重要的会议，哪怕项目成员对于项目信息已经很清楚了，这个会还是要开，因为项目启动的"仪式感"很重要，有了这么一个会，大家对项目的认可度就会更高。

（2）**规划过程组**：如果说"启动过程组"是确立目标，那么"规划过程组"就是画出从当前走向目标的路径，是把目标愿景转化为可落地执行的方案的行动路线。这份行动路线地图就是我们常说的"项目排期"。对于复杂一些的项目来说，任务分解的精细程度和时间远近有密切关系。时间越近的，可以排得越清晰，时间越久远，则项目排期越模糊。而且随着项目的推进，远期的时间计划也常常会动态迭代。

（3）**执行/监控过程组**：规划做完之后，就是大家一起执行、共同奋战的阶段了。这个时候虽然精神上仍然不能放松，但至少身体上是轻松一些了，因为各项目成员都已各就各位，项目已经运转起来了。此时的工作侧重于保证项目按照规划的路线向前推进，维持在正确的轨道上。为了保证项目处于正轨，需要定期对项目的进展、范围、质量等各方面进行监控，识别当前进度和项目计划的偏差，识别关键瓶颈问题，并采取相应的措施，尽可能地纠正偏差，解决项目的瓶颈问题。

（4）**收尾过程组**：在项目完成之后，无论成功或者失败，都应该做好收尾工作。在这个阶段，一方面需要交付项目成果，另一方面也要在项目完成后及时召开"复盘会议"，总结项目过程中出现的问题和经验，对所有的过程文件进行归档，之后才正式地结束该项目。

3.4.2　项目管理技能

了解完"十大知识领域"和"五大过程组"之后，我们对于项目和项目管理这两个核心概念就有了大致的了解。但光靠这些并不能真正地管理好一个项目，还需要掌握一些项目管理的技能才能真正地把项目做好。

项目管理技能覆盖了启动、规划、执行、监控、收尾、风险管理、质量管理等项目过程，掌握这些技能有助于推动项目进程、把控项目质量。

1. 启动

在启动阶段，"分析干系人"是一个重要的环节。一个项目说到底，还是人做的，人是项目中最关键的资源。一个项目如果能从一开始就得到所有相关人员的支持，那么对于项目最终的成功而言就有了一个重要的保障。对于干系人的分析，可以以"利益高低"作为横坐标，以"权限高低"作为纵坐标，画一个二维四象限坐标图来进行分类，如图 3-7 所示。

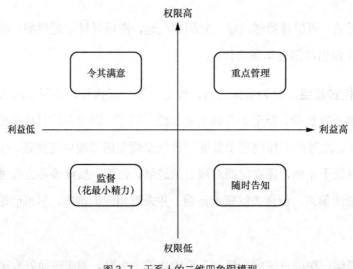

▲图 3-7　干系人的二维四象限模型

第一象限（高权限、高利益）的代表：项目发起人。

在《项目管理知识体系指南》中，项目发起人被定义为 Sponsor，即项目资助人。项目发起人会定义公司对项目的需求，为项目提供资金、人员等资源的支持。项目发起人，可能是老板，也可能是某领导，抑或是产品经理自己。不管是谁，他都是项目中的关键角色，需要重点管理。

项目发起人通常拥有最丰富的项目背景信息。项目经理需要在一开始就对项目发起人所掌握的背景信息进行一轮充分的沟通和了解，明确项目真正目的是什么，项目成功的标志是什么，当进度、质量、成本、范围四个要素出现冲突的时候应该如何取舍。在完成首轮沟通之后，也要约定好未来沟通的频率和方式，以便在项目推进过程中做好信息同步。

第二象限（高权限、低利益）的代表：职能经理。

项目组是一个虚拟的矩阵式组织，每一位项目组成员都有其所在的实体部门，这些部门的职能经理（管理者）就是第二象限的典型代表。在矩阵式的组织架构中，职能经理是资源池的所有者，他们所管理的部门通常会同时跟进多个项目，因此职能经理体现在某个具体项目中的利益相关度就比较低，对于项目的介入深度也比较有限。这类干系人如果没有管理好，在项目过程中"人"的资源可能就会得不到保障。

正常情况下，各职能经理对于项目的支持是没什么问题的，有问题的也只是少数。当碰到问题的时候，如果职能经理不愿意投入过多资源到某项目中，很可能是因为该项目对其部门目标的助益不大。在这种情况下，项目经理应该与其建立沟通，通过聆听建立信任，并了解其对项目持抵制态度的真正原因，并从对方的部门目标中挖掘出与自己项目目标的契合点，做到激励相容，令其满意。

第三象限（低权限、低利益）的代表：项目组边缘人员。

项目组中的边缘人员对于项目大局的影响微乎其微，花最少的精力保持适当关注即可。

第四象限（低权限、高利益）的代表：项目组成员。

项目组成员的角色和职责在表 3-2 中已经有所描述。项目组成员与项目结果的表现强相关，但对决策影响不大。管理这类干系人的重点，就是做到把项目中的大事小情随时告知项目组成员，及时同步项目的进展和问题。

2. 规划

项目规划的成果是产出一份高质量的"项目计划"。项目计划是整个项目的行动地图，是所有项目组成员协同工作的基线。一份高质量的项目计划，需要做到五点：具体、时序、准确、共识、即时。

（1）**具体**：项目的计划要足够具体。例如，"智能音箱产品计划于 8 月 15 日出 BOM，9 月 28 日试产，11 月 3 日量产"，这种一句话计划显然是简单得有点过分，只给出了时间节点，而没有给出依据和来源。要做到足够具体，需要借用"WBS"工作分解法来进行拆解。

WBS（Work Breakdown Structure，工作分解结构）指的是以可交付成果为导向，对项目要素进行分组。WBS 要求归纳和定义项目的整个工作范围，并且具体的工作范围每下降一层，对项目工作的定义就要更详细一分。

这个定义有点绕，说通俗一点就是把"大任务"分解为"中任务"，"中任务"再分解为"小任务"。

（2）**时序**：除了通过"WBS"把项目任务具体化之外，项目计划还需要做到识别依赖并画出关键路径。"依赖"指的是某些子任务的启动，是具备前置条件的，需要另外一个任务完结之后才能开始动手。或者换句话说，任务与任务之间，是有环环相扣的先后顺序的。关键路径是决定项目工期的进度活动序列，是项目中的最长路径，因此任何关键路径上的延迟，都将会影响项目的最终交付时间。

（3）**准确**：对于关键节点的定义要准确。比如"11 月 3 日量产"，这里的"量产"究竟代表什么意思，不同的人可能会有不同的解读：工程同事可能理解为解决完了试产问题，已经具备了量产的条件；供应链同事可能理解为一万台的首批需求单已经批量生产完成；销售同事可能理解为 11 月 3 日产品已经送到了渠道仓库，可以准备开始销售了。所以要把节点定义清楚，避免歧义，避免引发误会和不必要的争执。

（4）**共识**：项目计划一旦做好，需要将之在干系人范围内公之于众，使其透明化并形成共识。立项启动会就是一个形成共识的好机会，或者通过邮件的方式来形成计划共识也是可以的。如果做完一份计划却只有项目经理自己知道，那并没有达到"做计划"的意义。

（5）**即时**：都说计划赶不上变化，项目计划不是做完就固定不变的。实际情况中会出现例如需求变更、进度延迟、资源不足等问题，导致项目计划需要随之实时变更。如果是战线拉得非常长的大项目，那么远期计划就不会那么清晰，而是需要反复修正、逐步细化和迭代。尽管项目计划大概率会有调整，但不能过于频繁，而且每次调整都需要重新告知项目干系人，让大家即时知道为什么调整、如何调整、影响如何。

3. 执行

在项目执行的过程中，"闭环"的意识非常重要，也就是要把立项之初的发散性的问题随着时间的推进逐步收敛掉。如果是"开环"，那么很多问题就得不到收敛，最终会导致项目问题越积累越多，项目推进产生困难。

如果是软件产品的项目，在执行过程中还可以将一个软件版本拆解为敏捷开发中的多个"Sprint"，允许产品快速迭代试错。硬件产品的项目则不同，强调"一次就把事情做对"，因为硬件产品开发周期较长、产品迭代成本太高，改一次电路板至少需要两周的时间，改一次模具的时间更是不可想象。为了确保能把事情一次做对（"一次做对"或许很难，那至少也要尽可能降低偏差、减少返工）就需要构建系统能力，比如在产品开发的过程中，通过方案评审的流程机制，建立起闭环反馈的产品验证意识。

关于方案评审的流程机制，我们会经常使用"OARP"的决策机制。所谓"OARP"，即"Owner"（负责人）、"Approver"（批准者）、"Reviewer"（审核者）和"Participant"（参与者），分别对应了方案评审中的四个关键角色。

（1）负责人（Owner）：对该任务或专项负责的人，对任务起主导作用，对决策结果负责，一般由产品经理担任。

（2）批准者（Approver）：对方案进行最终批准的人，一般由产品经理或者产品领导/业务领导/总经理担任。

（3）审核者（Reviewer）：对方案进行审核的人，负责对文档或方案进行分析并提出意见，一般由该领域负责人或领导担任，负责人需重视其意见。

（4）参与者（Participant）：其他参与提供意见的人。

在项目的执行过程中，在某些关键节点，如需求评审、硬件评审、ID 评审、结构评审、模具评审等环节，都可以运用到"OARP"的决策机制，来保证项目输出方案的严谨与合理。

4. 监控

项目过程有可能全程风平浪静、一帆风顺，也有可能全程路途坎坷、意外不断。不管项目推进的过程是顺利还是困难，都需要做到在监控过程中，尽可能地让项目的进展和问题透明化，让所有项目干系人都清楚项目当前的进展、面临的问题和解决的计划。

如果项目比较顺利，那么大家通过每周一次的"项目周报"来同步信息即可。项目周报并非流水账式地罗列本周工作内容，更不是为了表现工作量和刷存在感，而是应该只讲重点，用简要的方式来呈现项目的全貌，客观地展示项目问题，并讲明准备如何推进问题的解决。

项目周报可以包括项目状态、当前问题、潜在风险以及最新计划等方面的内容，其中项目状态可以分类为几个不同的等级，以代表不同的含义，如表 3-3 所示。

表 3-3　项目状态等级及其含义

项目状态等级	含义
1	项目一切正常
2	项目在日程上有点小问题，但仍可按计划进行
3	项目在日程上有些问题，通过额外的努力可以按计划进行
4	按计划进行有很高的风险
5	项目已经出现了延期
6	项目遇到了严重的问题，已经无法继续进行

一份好的项目周报可以让阅读者迅速地了解项目当前是否有问题，有问题的话是什么问题，是否有解决方案和计划，未来是否还有什么潜在风险等；也可以让平日扎在项目细节中的项目组成员从全局视角重新审视一遍项目整体，以便更好地完成自己的项目局部工作。

如果还有余力的话，可以通过"数据"来说话，把数据图表也加入项目周报中，做到更易读且具有说服力。在项目管理软件中，可以使用"项目仪表盘"，仪表盘中会展示多种数据图表，例如项目倒计时、工作任务燃尽图、任务完成率、任务延误率、里程碑状态等。挑选合适、合理的数据使其在项目组成员之间"透明化"，对于项目的顺利推动会有很大的帮助。

如果项目出现了紧急突发状况，并且超出了能力可控范围，那么把问题立即暴露出来是最好的选择。很多人不愿意承认自己需要帮助，总想着给所有人留下一个好印象，等问题出现的时候再去息事宁人，或者"装鸵鸟"，直到最后问题实在掩盖不住了大家才知道，但这时候的问题很可能已经严重到无法挽回了。

无论是在项目管理过程中，还是在其他方面的工作中（例如在售产品出现严重问题引发用户投诉时），突发事件的紧急报告一般包括五个基本要素：事件描述、影响后果、问题分析、采取措施、所需支持。因事情紧急，无须拘泥于形式，只要讲清楚发生了什么、有什么影响、为什么会发生、已经做了什么去应对、接下来还要做什么、还需要什么外部帮助和支持几个方面就可以了。

5. 收尾

在项目收尾阶段，最重要的事情就是"复盘"。

复盘：原本是围棋术语，也称"复局"，指的是在一局棋盘结束之后，双方棋手复演一遍棋局记录，以检查对局中招法的优劣和得失关键，是提高自身棋艺的好方法。

把复盘思路引入项目管理中，就是项目临近结束前的"项目复盘会"。正所谓"温故而知新"，项目复盘会是整个项目组有意识地去梳理和总结整个项目过程，从过去的项目经历中沉淀经验，甚至获得新知。在复盘过程中，大家的思维不断地产生碰撞，可以充分释放大家在项目中的共同经历所蕴含的价值。通过复盘，在未来遇到类似状况的时候，因为大家的脑海中已经储存了多套"棋谱"，应对起来就能更加游刃有余，做出的判断也会更加准确。

复盘的内容应该至少包括两个方面："做得好的地方"与"有待改进的地方"。需要注意的是，这并不是为了"归功"与"归过"，而是为了就事论事以积累项目经验。在做得好的地方，总结一些知识点或经验保存下来，在公司内部进行分享；在有待改进的地方，总结出来少数几个改进点（不要贪多），并安排后续落实。每攻克一个项目，就好比游戏中打败了一个大 boss，此时游戏中会掉落很多资源和装备。如果做完项目不复盘，就好比打完 boss 不捡装备一样，岂不可惜？有句话是这么说的："我们不能从自己的经历中学到东西，只能从对经历的'反思'中学到东西。"这句话体现的就是复盘的价值。

6. 风险管理

所谓"项目风险"，指的是未来可能发生的"不确定"事件，且一旦该事件发生，将对项目目标中的至少一个方面（如进度、质量、成本、范围）造成影响。

项目过程中有风险并不可怕，可怕的是竟然不知道风险在哪里，正所谓"不知道风险在哪里就是最大的风险"。

管理风险首先需要能识别风险，知道风险是什么才能针对性地做出应对措施。有些风险显而易见，很容易识别出来，我们称之为"冰山上的风险"；有些风险非常隐蔽，属于看不见的"冰山下的风险"，这些往往比较致命。识别风险的过程，需要让冰山下的风险尽可能地浮出水面、暴露出来。风险会被隐藏，往往是因为缺乏沟通风险的渠道，或者是因为有人提出了风险但得不到重视，抑或是因为发现风险的人怕别人质疑其能力不足而不敢提出来。所以在项目沟通的过程中，一定要形成一种良好的沟通氛围，鼓励大家尽可能地去暴露风险问题。

识别出风险，才能管理风险，才能针对具体的风险问题提前制定好处理步骤、安排责任人、拟定解决问题的期限等。这就相当于提前写好了"剧本"，到时候问题万一出现了，也能因为手中有剧本，心中就不慌。在项目核心团队中，需要定期梳理风险问题、同步风险状态，才能确保风险一直处于可控的范围之内。

第4章 产品上市

4.1 产品营销

产品在顺利批量生产之后，要让用户心甘情愿地付费购买，除了产品本身要足够优秀之外，还得有"产品营销"的加持。

所谓"营销"，就是企业发现或挖掘消费者需求，并让消费者了解企业自身生产的能够满足该需求的产品，进而让消费者购买该产品的过程。

营销的过程中包含四个要素，即满足需求的"产品"，让用户购买的"价格"，方便用户购买的"渠道"，以及通过各种方式让用户了解产品的"传播"。这四个关键要素分别对应了"产品"（Product）、"价格"（Price）、"渠道"（Place）、"推广"（Promotion），因为这4个单词的首字母都为"P"，因此合称为营销上的"4P"，即营销学里经典的"4P 理论"。品牌战略公司"华与华"的创始人华杉说过："营销的基本原理就是 4P 理论，4P 就是营销的全部和全部的营销。"

"4P 营销理论"起源于 20 世纪 60 年代的美国，1967 年菲利普·科特勒在他的《营销管理》（第一版）一书中确认了以"4P"为核心的营销组合方法。接下来就结合"4P 理论"从"产品策略""价格策略""渠道策略"和"传播策略"四个方面来讲解关于硬件产品营销的一些知识和方法。

4.1.1　产品策略

"4P"中的"产品"（Product）策略，是指在产品定义的过程中，需要产品有独特的卖点，以作为营销活动中的内容素材和推广武器。普通的产品需要挖掘卖点，而好的产品则自带卖点，产品本身即营销。

下面介绍 3 种从产品本身出发的营销策略，分别对应全新产品、超高颜值和社交属性 3 种卖点。

1. 全新产品

在科技与市场充分发展的今天，要创造出一款让大众接受的新产品，难度越来越高，因为低垂的果实已经基本被摘完。我们回顾历史来举个例子。

最早的"衣物清新剂"是由 Vitco 公司发明的，该公司创造性地将洗衣液中的活性成分去除，既不损伤衣物，又能让衣物拥有清新的气味和干净的感觉。有些用户的衣服其实并没有脏，却还是想获得干净的"感觉"，这款产品就很好地满足了这部分用户的需求。这在当时相当于开创了一个全新的品类，而且也精准命中了部分用户的需求点，给 Vitco 公司带来了巨大的销售增量。

2. 超高颜值

有一家做速溶咖啡的公司叫作"三顿半"，可能你听说过或者品尝过。这家公司非常年轻，但在 2019 年"双十一"的时候，其在天猫上的成交额一天就突破了 3000 万，超过了行业老大"雀巢"，在天猫咖啡品类中高居榜首。

除了"超级速溶技术"之外，"三顿半"还通过高颜值的包装（如图 4-1 所示）吸引了大量用户，赢得了众多 KOL 的疯狂追捧和推荐。

好比我们提到"星巴克"就会想到绿色的杯子以及杯身上的美人鱼 logo，提到"瑞幸"就会想到小蓝杯以及杯身上的小鹿 logo，"三顿半"能够在用户间疯狂传播，也得益于它的杯子造型。这个杯子的包装小巧可爱，很容易让人觉得"虽然我喝的是速溶咖啡，但是我和喝星巴克的人是一样的讲究"。并且由于三顿半的包装精致，很多用户喝完了还舍不得丢，要么收藏起来，要么拍照分享，甚至还有人在二手物品交易平台上售卖这些空杯子。此外，在知乎上随便一搜，也可以看到关于三顿半的话题热度非常高，如图 4-2 所示。综上，高颜值和强视觉，使得"三顿半"具备了很强的社交属性和流量属性，而由此引发的在各种传播渠道上的热度，足以媲美高昂广告费的效果。

▲图 4-1　三顿半速溶咖啡

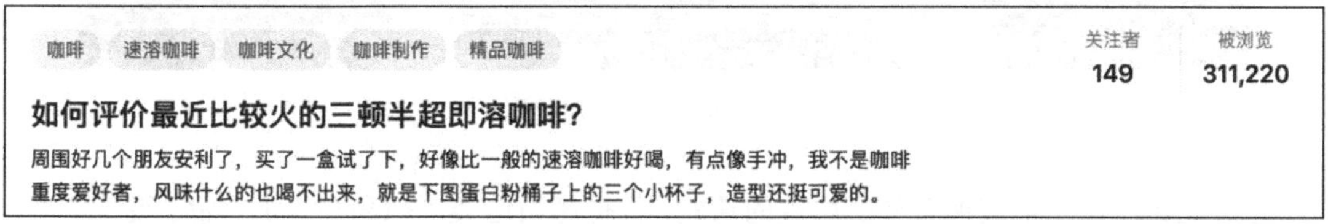

咖啡　速溶咖啡　咖啡文化　咖啡制作　精品咖啡	关注者 149	被浏览 311,220

如何评价最近比较火的三顿半超即溶咖啡？

周围好几个朋友安利了，买了一盒试了下，好像比一般的速溶咖啡好喝，有点像手冲，我不是咖啡重度爱好者，风味什么的也喝不出来，就是下图蛋白粉桶子上的三个小杯子，造型还挺可爱的。

▲图 4-2　知乎上的三顿半话题

3. 社交属性

小米生态链企业之一的"纯米科技"在开发烤箱产品之前，产品经理曾经"潜入"众多烘焙爱好者的社区、微信群中观察用户的行为和需求。其在互动社群中发现了一个现象：很多烘焙爱好者做出来的面包、蛋糕等食物，很少是给自己吃的，更多是为了分享给朋友们吃。而且，他们不仅热爱烘焙，还热衷于拍摄美食。每次做完美食，都是先拍照发给朋友圈、小红书"吃"，然后才是朋友和自己吃。所以用户在使用烤箱产品的时候，其实是有隐含的社交需求的，但是传统烤箱产品并没有很好地满足这种需求，或者说没有对应的功能来满足这种需求。

于是纯米科技旗下的"TOKIT"品牌创造性地在烤箱产品里集成了耐高温的摄像头。这样，用户只需要下载一个 APP，一个全新的视角就出现了：用户可以看到面糊在模具里慢慢地变大，蛋挞中的蛋液在热烈地翻滚……从前只能看到成品，现在还能通过内置摄像头的"延时摄影"功能看到激动人心的烘焙过程，如图 4-3 所示。延时视频拍摄完成之后，APP 中还可以生成一段约十秒的小视频，供用户分享到朋友圈、小红书等社区。

▲图 4-3　TOKIT 的"拍照烤箱"

通过在传统产品中增加有社交属性的功能，就把烤箱这类"孤岛型"的产品，变成了一个自带社交属性的"连接型"产品。

4.1.2　定价策略

产品竞争力由用户收益和用户代价决定，而"产品价格"就是用户代价的重要组成部分。用户是否愿意购买一个产品，"价格"起到了关键的作用。对于同一款产品，采用不同的定价方式，会得到不一样的销售结果。

下面介绍 3 种在硬件产品中常用的定价方法，分别是成本导向定价法、竞争导向定价法和需求导向定价法。

1. 成本导向定价法

成本导向定价法也叫"成本加成定价法"，指的是在"成本"的基础上加上公司所需的"利润"，即为产品的最终零售价。这是众多硬件产品企业较为常用的定价方法。

产品的成本主要包括"物料成本""渠道成本""推广成本"等。

（1）物料成本：产品 BOM 中所有物料的成本总和，也可以叫作"采购成本"。

（2）渠道成本：企业为打通渠道而付出的代价，包括直接支付给渠道的成本（例如给京东等电商平台的手续费）和与渠道间接相关的成本（如渠道管理、服务成本）。

（3）推广成本：为了给商品引入流量而花费的成本。

因此，C（产品的综合成本）=C_1（物料成本）+ C_2（渠道成本）+ C_3（推广成本），假设产品利润率为 R，则通过"成本导向定价法"计算出来的 P（产品价格）为：

$$P=C\times(1+R)$$

产品利润率 R 的具体数值基于产品的定位而决定。若产品定位为"量产品"（引流品），那么 R 就可以适当低一些，不以营利为主要目的；若定位为"利产品"（利润品），那么 R 就要稍微高一些。

不管最终定下的价格是高是低，只要是以产品单位成本为依据，再加上预期利润来确定的价格，我们都可以称之为"成本导向定价法"。小米公司的产品定价就是典型的成本导向定价。小米公司以预测的全年销量为基准来计算产品的综合成本，并通过规模效应把 C 压得很低，再加上并不高的综合毛利率 R，让小米公司的大多数硬件产品一上市，就能形成巨大的价格优势，有些产品甚至能做到让行业重新洗牌。

2. 竞争导向定价法

竞争导向定价法指的是通过研究竞争对手的品牌影响力、产品竞争力、服务能力、生产水平等因素，再结合自身的竞争实力、参考成本和供求状况来确定商品最终价格。

例如，产品 A 的对标产品是 B，如果 A 的目标是把 B 挤出前几名，那么可以在产品功能基本一样的前提下，定出一个比 B 更有竞争力的价格，对竞品形成冲击。这种定价方式以竞争对手的价格作为定价依据，相对来说不是特别注重成本和需求。

上述例子属于竞争导向中的"竞品参照定价",另外还有一种是"流行水平定价",指的是企业以本行业平均价格水平作为定价参考,再结合实际情况进行一些微调,有点"随行就市"的感觉。

3. 需求导向定价法

需求导向定价法指的是以消费者的需求为中心的定价方法。这种定价方式不根据产品的成本,也不单纯考虑竞争状况,而是根据消费者对商品的需求强度和对商品的价值认知程度来制定商品价格。这种定价方式往往应用于品牌实力较强的公司(如苹果、华为)。

苹果公司的手机、计算机比同行的定价都要更高,这是因为用户对苹果产品的需求足够强烈,价值认可度足够高。因此,苹果以不算特别高的市占率,收割了手机行业中约 80% 的利润。苹果公司通过高价格的产品及其带来的丰厚利润,使其产业链中的众多上下游公司得以生存。

华为在刚进入电信领域时候,作为后来者没有任何知名度,不得不采用低价策略,通过"成本导向定价法"来制定产品价格。当时,因为技术、管理等方面的优势,华为比竞争对手的成本更低,再加上并不高的利润率,竞争对手很难和华为比拼价格。华为早期的低价策略不仅体现在企业和运营商业务方面,也体现在后来消费者业务中的手机产品方面。随着华为品牌知名度的持续提升,华为的产品开始提高价格,以至于现在许多人认为华为的产品很贵。价格的提升带来了利润的增加,华为又将增加的利润投入产品研发中,用于开发让用户更满意的产品,从而形成了良性循环。

以上 3 种定价方法当然不是定价的全部方法,却是在硬件产品行业中最为常见的。可以将这 3 种定价方式总结如下。

成本导向定价法:我想赚多少钱我就定多少价,主要从企业自身的角度出发。

竞争导向定价法:别人定多少价我就定多少价,主要从行业和竞争对手的角度出发。

需求导向定价法:用户觉得值多少钱我就定多少价,主要从消费者的需求强烈程度和价值认可程度的角度出发。

在实际应用的过程中，3 种方法也不一定是独立使用，往往会综合多个角度一起评估参考，最终定出来一个合理的价格。

在实际应用中给产品定价的时候，可以先锁定产品价格的"上下限"。"产品价格下限"即产品综合成本加上最低要求的利润率，保证产品卖出去的时候不至于产生亏损。有些成本控制能力差的公司，价格下限已经比竞品的零售价还要高了，那么在没有品牌力的情况下就很难取得竞争优势。"产品价格上限"则意味着用户对于该类产品通常的购买预算范围，可将该预算范围的上限定义为产品的价格上限。

产品价格的上限和下限都锁定之后，便已经有了一个相对明确的价格范围。在这个价格范围内，首先明确公司对于该产品定位的战略目标，是"为了提升品牌、为了扩大销售额、为了扩大销售量、为了狙击竞品、为了清空尾货"中的哪一种；然后评估公司自身的能力情况，是否具备品牌或者成本优势，如果公司具备明显的品牌优势或者所推出产品为极具创新力的品类，那么需求导向定价是更合适的。简言之，要结合公司目标和自身情况，才能定出满足目标且能够落地的合理价格。

总而言之，影响定价的 3 个关键因素如下：

第一，你想卖多少钱；

第二，你选择哪些销售者，以及如何与销售者分配收入；

第三，怎么去说服消费者接受你的定价。

当然，定价也不是越低越好。事实上，有些产品定价低了卖不出去，定价高了反而能卖得好，这一方面可能是因为高定价才会有匹配的高营销费用，另一方面也有可能是品牌定位的缘故。

4.1.3　渠道策略

营销包括两件事情，第一是让消费者向我们买，第二是让销售者帮我们卖。

　　"销售者（销售渠道）"指的是产品从生产者到消费者转移的过程中所需要经过的路径。"渠道策略"就是想办法让销售者愿意帮我们卖产品，这样一来，企业能够最大程度地利用销售者的资源。

　　销售渠道的起点是"生产商"，终点是"用户"，整体的渠道链条大致如图 4-4 所示。下面简要介绍各个环节的概念，以及它们的区别所在。

生产商　→　总代理　→　一级代理　→　二级代理　→　……　→　经销商　→　批发商　→　零售商　→　用户

▲图 4-4　销售渠道全链条示意图

1. 代理商

　　代理商指的是接受生产企业的委托，为其促成交易的代理人。

　　所谓"代理"就是"代"替表企业打"理"生意，然后从厂家获得代理佣金收入。在代理过程中，代理商并没有取得产品的"所有权"，且在经营活动过程中往往受到生产企业的指导和限制。

2. 经销商

　　经销商指的是从企业进货的商人。

　　这些商人（商业单位）购买企业的产品并非为了自己用，而只是"经"过自己的手然后再"销"售出去，为的是赚取中间的差价。因此，相比于产品本身的价格，经销商更关注的是产品从入手到出手中间产生的"价差"。需要注意的是，经销商在入手生产商的产品之后，获取了产品的"所有权"的。

3. 批发商

　　批发商一般属于经销商的下级，可以理解为更小的经销商。

　　如果一家生产商的产品谁都可以卖的话，那么经销商和批发商是一样的；如果该生产商的产品只允许某几家公司卖，那么这几家公司就可以理解为经销商。

4. 零售商

零售商指的是将产品直接销售给终端消费者的中间商。

相较于经销商和批发商，零售商更靠近于消费者，直接为终端用户服务。零售商在地点、时间、服务方面，会更多地考虑用户，是联系生产商、代理商、经销商（批发商）和用户之间的桥梁。

零售商具体的表现形式有如下几种。

（1）**百货商店**："百货"就是指大多数货品都有，售卖的产品品类比较丰富。比如我们身边经常可以见到的"天虹""海雅缤纷城"等。

（2）**专业商店**："专业"体现的是品类"专"，即专门销售某一品类的产品，或者某一个品类中的某一个品牌的产品。

（3）**超级市场**：即"超市"，以主、副食品以及家庭日用商品为主要经营范围。超级市场在生活中随处可见，如"华润万家""永辉超市""大润发"等。

（4）**便利商店**：即"便利店"，是最接近居民生活区的小型商店。便利商店中的商品品种有限，且价格相对超市较高，但因为距离用户近的天然优势，足够"便利"，仍然不可替代。

以上提到的"代理商、经销商、批发商、零售商"，都可以统称为"分销商"，即分销渠道中间的商家。而渠道中的各种成员，通过不同成员的不同组合方式，又形成了不同的渠道结构。

5. 渠道的长度结构

渠道的长度结构又称为"层级结构"，是按照渠道中包含的"中间商层数"来定义的一种渠道结构。根据渠道层级的多少，可以分别定义为"零级、一级、二级、三级"渠道等。

（1）**零级渠道**：生产商和消费者直接沟通，没有中间商的参与。在零级直接渠道中，产品或服务由生产商直接销售给消费者。零级渠道一般适用于大型、贵重、技术复杂的产品，因为这些产品需要提供专门的服务。例如戴尔的直销模式就是典型的零级渠道，联想、IBM、惠普等公司设立的大客户部或者行业客户部也属于零级渠道。

（2）**一级渠道**：渠道中包含一个中间商。对于工业产品，这一个渠道中间商通常是代理商或者经销商；对于消费产品，这个渠道中间商一般是零售商。

同理，二级渠道即包含两个中间商，三级渠道即包含三个中间商。

6. 渠道的宽度结构

渠道的宽度结构指的是按照渠道中每一层的"中间商数量"来定义的一种渠道结构。按照渠道宽度不同，可以分为"密集型分销渠道""选择性分销渠道"和"独家分销渠道"3 种宽度结构。

（1）**密集型分销渠道**：企业在同一渠道层级上，选用尽可能多的渠道中间商来分销自己的产品。这种类型多用于消费品领域中的便利品，例如零食、饮料、牙刷等。

（2）**选择性分销渠道**：企业在同一渠道层级上，有选择性地选用少量的渠道中间商来分销自己的产品。

（3）**独家分销渠道**：企业在同一渠道层级上，选用唯一的一家渠道中间商来分销自己的产品。独家分销往往出现在总代理一级。当企业推出新品的时候，可以考虑采用独家分销的方式；当市场上的用户开始广泛接受该产品时，就可以开始考虑将渠道宽度拓宽了。

7. 渠道的广度结构

渠道的广度结构可以认为是对渠道的长度和宽度的一种混合、多元化的选择。从企业的角度来说，对于同一款产品，面向不同的客户群体，可以采用不同的渠道策略。例如同一款产品对于大客户群体成立大客户部进行"零级销售"，而对于中小企业客户就采用"选择性分销渠道"，这是一种混合渠道模式，渠道结构较广。

"建立渠道模式"仅仅是往分销目标迈进的第一步，"渠道控制"才是后续的常态性工作，贯穿于渠道系统运行的整个生命周期。渠道控制涉及对渠道的管理、考核、激励、冲突解决等内容，以实现对整体渠道系统的综合调节与控制。

以上提到的是线下渠道。从消费者的角度来看，线下零售是在一个相对固定的营业场所等待消费者前来咨询和购买。优点是有实物展示，商家与用户可以面对面地沟通，卖方在交易过程中具有一定的主动权。相应的，缺点是有前期的装修、租金等固定成本，需要通过扩充网点数量来提升影响力，消费者前往购物场所需要付出相对较高的时间和金钱成本等。

与此同时，随着京东、天猫、拼多多、唯品会等电商平台的不断崛起，线上渠道极大地丰富了用户的购物体验。线上电商的优势非常明显，消费者足不出户动动手指就可以购买到心仪的产品，商品极大地丰富化，厂家也无须通过扩张物理网点来提升影响力。而线下渠道的优点即线上渠道的缺点。线上渠道使消费者缺乏实物体验，无法充分获取购物决策所需的信息，且卖家只能坐等消费者咨询而无法主动发起沟通。

8. 新兴渠道——电商平台

下面详细介绍线上渠道（电商）的分类。线上电商主要可以分为"开放电商平台""垂直电商平台"和"自建电商平台"三类。

（1）**开放电商平台**：先由电商企业建立完整的线上交易流程，然后召集 B 端的商家和 C 端的消费者进入平台实现交易过程，销售、推广、服务等工作都由商家自己来完成。

开放电商平台的代表有京东、天猫、淘宝、亚马逊等。开放平台的模式比较简洁，电商仅承担"中介"的角色，商家有较大的自主权可以充分生长。但也因为平台相对"放任自流"，水平较差的商家可能因为服务不好用户，间接地影响了平台的发展。

（2）**垂直电商平台**：先由电商企业建立完整的线上交易流程，然后由电商平台向生产商进行商品采购，并由电商平台负责主要销售环节的执行。服务和推广等工作则由平台、商家分别单独完成，或者联合完成。

开放电商平台相当于"只搭台不唱戏"，垂直电商平台则"既搭台又唱戏"，类似于线下渠道中的经销商角色。垂直电商平台的代表有京东、亚马逊、唯品会、当当、聚美优品等。可以看到，其中的京东、亚马逊，既是开放电商平台，又是垂直电商平台。垂直电商平台因为参与过程管理，有助于服务品质的标准化，提升用户体验；但也同样由于"大包大揽"，让商业模式变复杂，大大地提升了管理难度。

（3）**自建电商平台**：直接由生产商亲自建立交易平台，自己完成销售、运输、服务等各个业务流程，形成完整的交易闭环，吸引消费者进行选购。

自建电商平台是所有品牌商的"梦想"，当然也是难度最大的一种，只有少数巨头企业可以较好地实现。自建电商平台的代表有小米官网、海尔官网、苹果官网、华为商城等。自建电商平台可以绕开所有的中间环节，由企业直接面向消费者，节约交易成本。自建平台虽然节约了交易成本，但其显而易见的代价是获取用户流量的难度极大，因此自建电商平台的企业也会同时在开放电商平台、垂直电商平台一并布局。

那么，在线上电商平台的环境中，应该怎么做才能更好地促进产品的销售呢？需要至少做好以下几个方面。

一是"品牌形象"：京东、天猫和亚马逊有所不同，前两者重视店铺形象，"以店铺为中心"，而亚马逊则是"以产品为中心"。在电商平台上，商家需要适度地展示品牌的历史、文化、调性、故事等信息，展示形式以言简意赅、图文并茂为佳。

二是"产品结构"：产品结构与品牌定位相关。商家应在店铺页面上让用户能够逻辑清晰地了解其主营的产品结构，避免成为"杂货铺"。好的产品结构可以帮助商家突出店铺和品牌的定位。

三是"信息完整"：用户在浏览产品页面的过程中，心里都期望能够获得完整的产品信息。

四是"产品详情"：产品详情页（也叫"Listing 页面"）是企业和用户沟通产品信息的重要界面，用户是否认可并购买产品，浏览详情页的过程是核心环节。产品详情页既要兼顾产品功能的客观理性层面，又要关注用户价值的主观感性层面。产品功能是基础，用户价值则是用户购买了产品之后在实际生活场景中获得的价值，产品详情页的内容重点应落在后者。因为用户是采用浏览的阅读方式，所以产品详情页的内容多一些、长一些关系不大，但其中的逻辑顺序、结构模块要规划得清晰、合理。产品详情页是产品对用户的"表白"，是一个说服的过程，目标是让用户购买、"牵手"成功。

五是"店铺首页"：用户通过详情页了解产品，也通过店铺首页来了解店铺（品牌）。好的店铺首页设计可以带来意料之外的关联销售。

六是"用户评价":用户评价是非常重要的信息展现。试想一个差评比例极高的产品页面,用户看到后大概率会掉头就走,这样的产品能销售多久呢?但用户评价在理论上是不可操纵的,只能通过提高产品品质、服务能力等方式来维持高比例好评。

那怎么判断一个产品到底是适合线上渠道还是线下渠道呢?这需要具体问题具体分析。例如小米公司,线上的"小米商城"已经做得非常成功了,依然会发展线下的"小米之家"。又如苏宁公司,线下的"苏宁门店"已经做得很好了,也依然会发展线上的"苏宁易购"。这是因为从未来的理想状态来看,线上和线下的流量成本终将趋于一致。线上渠道用来"发生交易",线下渠道用来"引流用户"。尤其是对于需要实物体验的产品,比如衣服、鞋、香水等。具体到某一品类产品的话,判断是适合线上渠道还是线下渠道销售,关键看线上和线下的流量成本之间的差异。比如"烤箱"这款小家电类产品,线上渠道的流量成本就比线下渠道的更低,再加上"烤箱"的产品属性天然贴合了线上渠道的属性,因而该产品的线上销售占比达到了惊人的93%。

4.1.4 传播策略

传统的营销学对"传播"的定义是:传播指的是品牌宣传、公关、促销等一系列营销行为。

笔者自己对"传播"的定义是:传播指的是把合适的"内容"通过合适的"渠道"在合适的"时机"传递给合适的"用户"。

按照笔者的定义来讲,传播包括了四个关键要素:内容、渠道、时机和用户。

1. 传播的"内容"

传播的内容指的是企业究竟想给用户传递什么样的信息。根据内容信息量从少到多的顺序,可传播的内容可以分为宣传语(Slogan)、文章、音频和视频等。

宣传语(Slogan)是用一句话让用户知道公司的品牌以及产品定位。

宣传语虽然短，却是非常难写好的一句话。请尝试回答以下两个问题。

（1）是否能用一句话说清楚自己公司的业务？

（2）能不能通过这句话说动用户购买你的产品和服务？

如果你仔细地思考了这两个问题，就会发现要达到上述两个目标实在是太难了。宣传语很难用什么方法论推导出来，只能不断地尝试，一句不行就想十句，十句不行就想一百句，直到在某个时刻找到了一句话，猛然发现："就是它了！"这时候之前尝试过的其他宣传语，瞬间就会黯然失色。下方为一些宣传语的经典案例。

- 王老吉：怕上火，就喝王老吉。

- 农夫山泉：我们不生产水，我们只是大自然的搬运工。

- 耐克：Just Do It。

- 麦当劳：I'm lovin' it。

- Keep：自律给我自由。

- 宝马：The Ultimate Driving Machine。

- 阿迪达斯：Impossible is Nothing。

- 苹果：Think Different。

- 阿里巴巴：让天下没有难做的生意。

如果文字内容再长一点，就会变成一段几十字到百余字的文案。这个长度的文案，更适合发送于官方微博等社交媒体账号，内容可以是官方新闻、公司动态、产品信息、近期活动等。

如果文字内容再长一些，达到数百字甚至以上，就变成了一篇"文章"，比如"软文"。软文是文字广告的一种形式，相比于直白的"硬广"（硬性广告），软文是将非广告性质的文章内容与广告完美结合，从而达到广告宣传的效果。

软文是通过特定的概念诉求，以摆事实、讲道理的方式，让用户进入企业设定的思维模式，以强有力的针对性宣传达到销售产品的目的。软文的常见类型可以分为三种：新闻型软文、行业型软文和用户型软文。

（1）"**新闻型**"软文：通过新闻报道或者新闻评论的方式，把广告穿插融入在文章中，即"新闻+软文"。

（2）"**行业型**"软文：面向行业内人群的软文，其目的多在于扩大企业在行业内的影响力，行业地位提高了，最终也能影响到终端用户的选择。行业型软文的表现形式可以为经验分享、观点交流、权威资料、人物访谈等。

（3）"**用户型**"软文：这是最为常见的软文形式，时不时就出现在我们的手机屏幕上，常见于微信公众号、知乎、小红书等社交媒体中。这类软文通常会以情景式的故事引入，把用户带入软文主人公的场景中，接着引出问题，最后提供解决方案，而这个解决方案就是要推广销售的产品。

如果说"硬广"是一板一眼的少林武功，那么"软文"就是绵里藏针的太极拳法，能起到潜移默化、润物无声的效果。

此外，还有"音频类"和"视频类"的传播内容。纯音频的广告内容越来越少见了，往往出现在传统电台广播中，我们称之为"耳朵营销"。生活中路边小摊和商场中的叫卖声，以及打电话等待接通时的定制铃声，也都属于音频类内容。

在实际工作应用中，最常见的还是"视频类"内容。因为视频类内容同时包含了文字、声音和影像，在单位时间内可传递的信息更加丰富，也更容易抓住用户的注意力，用户对传播内容的体验也会更好。

"内容"是传播策略中的基础与核心，不同品牌、产品都会有各自的理解和创作。如何制作优质的内容，主要是营销人员的工作内容，产品经理无须过于深入研究。

2. 传播的"渠道"

传统的"传播渠道"包括电视广告、户外广告、报纸广告、杂志广告等。

（1）**电视广告**：借助电视机来传播的广告形式。优点是几乎家家户户都有电视，传播面广。但随着计算机、手机等的崛起，电视机对消费者注意力的吸引程度也在逐渐降低。电视广告可以通过不同频道、不同时间段、不同剧集等条件来大颗粒度地筛选受众群体。

（2）**户外广告**：顾名思义是在户外的相关媒介载体上展现的广告，例如霓虹灯、广告牌、大巴车身、地铁广告等。

（3）**报纸广告**：刊登在报纸上的广告。优点是覆盖面广、时效性强（日报）；缺点是表现力较差，用户阅读率低，且报纸这种媒体形式已经逐渐衰退，许多报社的广告收入已经大幅下滑。

（4）**杂志广告**：类似于报纸广告，区别在于杂志的发行量更小，但对于目标受众的针对性更强、保存周期较长。

随着移动互联网的发展，众多新兴的传播渠道出现了，例如微信、快手、微博、抖音、小红书等。这里以微信广告和抖音广告为例，其余互联网传播渠道与之类似，不再一一赘述。

（5）**微信广告**：基于微信的生态体系，整合朋友圈、公众号、小程序等多重资源，结合用户的社交、阅读和生活等场景，利用专业的数据算法打造的基于互联网社交的营销推广平台。

- **朋友圈广告**：以类似于好友原创内容的形式来展示的原生广告。

- **公众号广告**：展示在微信公众号文章的中部、底部等资源位的广告。

- **小程序广告**：展示在微信小程序中的广告。

（6）**抖音广告**：抖音获取流量的方式分为"信息流广告"和"达人合作"两种方式，前者的广告费付给"抖音平台"，后者的广告费付给"抖音达人"。

- **信息流广告**：用户在抖音上每刷过若干条视频之后，就会刷到一条带"广告"标识的视频，单击对应的按钮时可以进入广告详情页，这个就是信息流广告。投放信息流广告时，需要准备好一个产品视频和产品详情页的落地网址，然后在抖音平台上注册、充值，最后上传内容就可以了。

- **达人合作**：包括以下四种模式。

第一，佣金合作。这种合作方式比较简单。企业在找到愿意合作的达人之后，把商品链接直接放到达人的商品橱窗中。如果有用户购买了商品，那么达人就自动获得佣金分成。这种合作方式的好处是企业不用单独支付费用，只在有成交的时候才需要付出佣金。但是也很容易能想象到，这种方式的引流效果较差。

第二，品牌曝光。这种合作方式适用于比较大的品牌，预算较为充足且不以产品转化为目标。一般是由企业制作好视频，再让达人上传视频即可。

第三，直播卖货。直播卖货就是找到合适的达人，让其在直播中卖货。直播之前企业方会和达人沟通好卖什么产品、产品卖点是什么、建议的话术等。一般来说，对于直播卖货的合作方式，达人会要求企业提供该产品的全网最低价，也可能有其他的合作费用。所以能通过直播卖货的，都是毛利率比较高的产品，或者说直播卖货对产品的毛利率要求比较高。

第四，视频合作。企业找到合适的达人，为其提供视频的文案和脚本，再由达人进行视频的制作和上架。这种视频一般带有转化目的，而且因为合作的达人账号专注的领域比较垂直，且由达人自己制作的视频能够符合用户的喜好，所以最终能够实现比较好的产品购买转化率。

除了上述提及的"传统渠道"和"新兴渠道"，从广义上来说，"万物皆可渠道"。例如我们读完一本书，最后一页大多会有其他的图书推荐，那么对于被推荐的书籍来说，当前用户读的这本书就是一个传播渠道。甚至于电线杆上的小广告，共享单车上的"豆腐块"贴纸，都是"内容在努力传播的样子"。总而言之，任何用户能接触到信息的展示界面，无论视觉、听觉还是触觉，都是传播渠道。

对于营销的各种传播渠道，产品经理有所了解就足够了，至于如何精细化运营，则有对应专门职能的营销人员负责。了解清楚不同渠道的独特属性，就可以从产品的视角给出相对应的合理建议。下面介绍一些自带属性的渠道的例子。

- **户外广告牌**：自带地理位置属性，如果是做区域性比较强的产品，那么户外广告就是比较好的渠道。

- **电梯广告**：因为电梯广告布置在电梯这个密闭的空间里，而用户在电梯内又无事可做，因此自带了吸睛属性。

- **原生信息流广告**：手机屏幕能带来沉浸式的阅读体验。

总的来说，传播的"内容"和"渠道"，分别对应着"信息载体"和"沉浸能力"。"信息载体"即内容的表现形式，如文字、声音、图片、视频等。视频包含的信息量最大，图片和声音相对比较容易理解，文字给人留下的想象空间最大。"沉浸能力"指的是该渠道能多大程度地把人带入内容中。被带入得越深，广告效果就越好，转化率自然也越高。例如同样是视频，楼宇视频带来的沉浸能力就弱于电梯视频，电梯视频又弱于抖音上的视频流。在"内容"和"渠道"的选择上，并没有绝对的好坏之分，只有适合与不适合。

3. 传播的"时机"

相同的内容和相同的渠道，在不同时间点做传播，效果会不会不一样？答案是肯定的。有的传播时机可以自己选择，例如情人节做巧克力、钻戒等产品的传播，10 月 24 日的时候给程序员群体做传播（10 月 24 日是"程序员节"）。当然也有一些时机因素是不可控的，例如政策、突发热点、行业周期等，既然无法掌控这些时机，那就只能尽量去跟随。和做产品类似，把握住风口，内容也能"飞起来"。

4. 传播的"用户"

在做产品规划和产品定义的时候，对于用户画像的勾勒是必不可少的，产品经理需要清晰地知道自己的产品是在为谁服务，赚的是谁的钱。因此，这群用户人在哪里，注意力在哪里，我们想要传播的内容就得投向哪里。只有内容的投向准确了，传播营销才能真正影响到我们希望影响的人。

4.2　产品维护

4.2.1　产品的生命周期

一个产品从概念走到产品，完成了从 0 到 1；然后从产品走到商业，完成了从 1 到 N。在产品推向市场和用户的时候，项目（产品的"开发期"）虽然结束了，但是产品的生命力才刚刚开始展现，产品的生命周期也才刚刚开始。

产品从上市到退市之间所经历的全过程，称之为"产品的生命周期"（Product Life Cycle，PLC）。一个产品的生命周期，会经过"投入期、成长期、成熟期和衰退期"这 4 个阶段（广义上的生命周期可以把"开发期"也算上）。

（1）**投入期**：新品上市即进入投入期。投入期的产品一般能给市场带来一些新鲜的亮点（如果没有的话，说明产品定义同质化比较严重）。此时消费者对于产品还不了解，用户的购买意愿还有待被激发。另外，产品刚刚量产（或许只是生产了首批单），大规模量产有可能还没有跑顺，导致生产成本比较高。这个阶段的特点是产品销售的进展比较缓慢，利润较低或者为负数。

（2）**成长期**：投入期之后便是成长期。在成长期内的产品，消费者对于产品已经比较熟悉，许多新顾客愿意为其买单，销量得到快速上涨。在销量起来了之后，产品的采购成本、生产成本也因为规模效应得到优化，产品的总成本下降。从"利润=（售价-成本）×销量"的公式来看，成本降低、销量提升，利润自然有可观的上涨。

（3）**成熟期**：随着利润的逐渐丰厚，竞争对手也跃跃欲试，纷纷进入市场来分一杯羹。随着市场上同类产品的供应增加，售价被压制，产品利润逐步下降。但因为销量仍在上涨，总利润尚保持增长趋势，只不过增长曲线的斜率逐渐减小，直到最终达到总利润的最高点。在总利润达到最高点之后，产品开始进入成熟期。此时市场的需求趋于饱和，竞争趋于激烈，只有在促销方面加大投入才能维持销量，产品的总利润开始下降。

（4）**衰退期**：随着行业和技术的发展，满足用户需求的方式层出不穷，新的产品形态将会出现，用户的使用习惯也可能发生改变，导致原有产品的销售额和利润额急剧下降，产品进入衰退期。衰退期的产品虽然即将成为明日黄花，但可以燃烧自己最后的一点能量，成为低价狙击竞争对手的强有力武器。

那么，如何应用产品的生命周期来为公司服务呢？答案是让"投入期"的产品去做先锋，摸摸市场和用户的脾气，承担可能失败的市场风险；让已经处于"成长期"的产品快速奔跑，给予充分的人力、物力支持，促进产品早日成为稳定的"现金牛"；让进入"成熟期"的产品扛起销售的大梁，稳住现状并搭配适当的运营策略；让处于"衰退期"的产品在退市之前发挥余热，通过降价清理库存，在倒下之前给予竞争对手最后一击。

以上的产品生命周期只是一般性的规律，无法完美适用于每一个产品。像产品巨头苹果公司每年推出的新产品，往往出道即巅峰，基本没有销量爬坡的情况。还有些企业的产品做得很差，同样也是"出道即巅峰"，上市之后销量低迷甚至逐渐下滑，产品一出生就很快夭折，还没开始就已经结束。

4.2.2 产品迭代

产品上市一段时间之后，就可以开始准备产品迭代的工作了。产品迭代，从企业的角度来看，是一个新产品和新项目；但是从用户的角度来看，还是和上一版本一样的产品，除非企业刻意宣传升级版本这件事。企业是否宣传和迭代的目的有关，一般来讲，升级迭代会有 3 个出发点：改善问题、提升性能和降低成本。

1. 改善问题

对于新产品开发来说，当项目推动到产品上市的时候，并非所有 bug（问题点）都是已经解决了的。一个在售产品，不可能完全没有问题。上市产品存在的问题，要么是开发人员已知但接受了的，要么就是因测试能力所限还未被发现的。

对于选择接受的问题，要么确定不解决，要么后续再解决。对于选择后续解决的问题，就需要列入迭代版本的需求池中。对于未被发现的问题，如果是在产品上市之后暴露出来的，就需要特别关注，并根据实际情况评估是否要解决。此外，在解决问题的同时，还需要给内部测试人员提供反馈，以不断地提升和完善发现产品问题的能力。

2. 提升性能

在产品开发过程中，或许因为暂无完美的技术解决方案，或许因为项目周期紧急，或许因为研发积累不足，都可能导致只能先做一个性能较为满意的版本来满足市场需求。那么可以在产品上市之后，一边销售，一边优化性能，等优化完成后立刻替换掉之前的版本。

3. 降低成本

同样的道理，在产品刚上市的时候，往往无法将成本控制的工作一步做到位，因此可以在可承受但非最佳的产品成本下，先把产品做出来，等产品上市之后立即开始优化成本。产品的成本优化，需要考虑投入产出比。对于毛利率较高、销量较少的产品，成本优化就显得没那么重要。但对于"量产品"来讲，因为销售量巨大，所以每优化哪怕1元钱的成本，都可以带来可观的收益，因此成本控制就显得非常重要了，因为这些优化下来的成本，就是实际上的净利润。

一个产品的总成本主要由"物料成本""生产成本"和"运输成本"构成。相对应的，降低成本的常用方法有优化物料成本、优化生产成本和优化运输成本等。

（1）**优化物料成本**：这个方向可以采取两个思路。一方面，对于物料的采购成本，当然是量越大价格越低，因此研发人员在选用物料的时候，除了考虑物料本身的性能、品质之外，还需要考虑物料的通用性如何，应尽可能避免选用冷门物料。一旦不小心或者迫不得已选中了冷门物料，且公司内的其他产品都没有用到，那么采购量就不会很大，采购成本也就自然提升。在做迭代产品的项目时，可以对物料进行统计分析，通过物料标准化、提升物料通用性的方式来降低采购成本，同时也可以规避专用物料的供应风险。

另一方面，同样的产品需求，可以有多种不同的研发方式来实现。在进行优化迭代的时候，可以有相对更充裕的时间来验证其他成本更低的实现方案，当然这需要满足不降低产品性能和品质的前提。

（2）**优化生产成本**：产品的生产成本体现在两个方面，一是"直接人工"，即人力成本，是从事产品生产的工人的薪酬；二是"制造费用"，是企业的生产部门（或外包工厂）为生产产品和提供劳务而产生的各种间接费用，如物料消耗、设备折旧、办公费、水电费、厂房租金等。人力成本的优化，可以通过改善生产流程来实现；制造费用的优化，可以通过减少物料消耗来实现。

这里讲一个故事，来说明减少物料是如何有效优化生产成本的。有一个年轻人在美国某石油公司工作，他所做的工作枯燥乏味，每天就是检查石油罐的盖子有没有自动焊接好。石油罐从输送带上移动到旋转台上后，焊接机会沿着盖子的一周自动滴下 39 滴焊接剂。他每天的工作就是盯着这个过程循环往复。有一天，年轻人心想："是否有办法让焊接剂减少一两滴，以减少点成本？"在经过一段时间的研究之后，他开发出了"37 滴型"的焊接机，但是实际的效果并不太好，在实际应用中偶尔会漏油。接着他又进一步改善，研发出了"38 滴型"焊接机，这次的效果就很好。虽然每次只节约了一滴焊接剂，但是一年下来竟然给公司节约了 5 亿美元的成本，换句话说就是给公司带来了 5 亿美元的新利润。

（3）**优化运输成本**：产品的运输成本和产品重量、产品体积直接相关。以亚马逊平台为例，假如你是做跨境电商产品的，相信对于亚马逊的"FBA 费用"不会陌生。

FBA（Fulfillment by Amazon）指的是卖家把自己在亚马逊上销售的产品库存直接送到亚马逊当地市场的仓库中，用户下订单后由亚马逊自动完成后续的发货。

让亚马逊来帮你发货，肯定就会产生费用，这个费用就是 FBA 费用。FBA 费用包括仓储费、订单处理费、分拣包装费、称重处理费等。其中订单处理费按件计费，而仓储费、分拣包装费、称重处理费则都和产品的重量、体积相关，因为越重、越大的产品就越难处理。因此，在成本优化的时候，可以从"包材"上下功夫。产品重量的可优化空间比较有限，但产品体积可以通过压缩包装尺寸来实现。尤其是当产品外箱的尺寸恰好处于两档费用之间的临界点时，稍微减少一点尺寸，就可以明显地降低 FBA 费用。

本书行文至此，已经把硬件产品经理的"工作知识"和"工作方法"都讲完了。下一章将进入一个新的板块，即硬件产品经理的"工作思维"。

第 5 章　硬件产品思维

微观思维

5.1.1　用户思维

用户思维：以用户为中心，面向用户的各种个性化、细分化的需求，提供针对性的产品和服务。

"用户思维"在互联网产品领域被提及得较多，强调用户思维在互联网企业中是一条颠扑不破的原则。在硬件产品领域，用户思维当然也很重要，但相对来说重要性会稍微弱一些，毕竟硬件产品涉及的范围更广。

那么，在产品经理的工作中，应该如何应用好"用户思维"呢？可以尝试从"视角切换"和"主体切换"两个方面来入手。

1. 视角切换

提到用户思维，我们第一个能想到的就是从产品视角切换到用户视角。举个例子：

- "iPod 提供了 256MB 的大容量存储空间"是产品视角，着眼于产品能为用户提供什么；

- "把 1000 首歌装进口袋里"是用户视角，强调用户通过产品能够获得什么。

想要切换到用户视角就需要转变立场，即在做产品规划的时候，首先不是去想我有什么、我能做什么，而是先考虑用户需要什么，想要从什么状态转变为什么状态，然后再结合技术、供应链、成本等约束条件来思考我能为用户提供什么；在做产品定义的时候，把自己带入用户的真实场景中去考虑问题；在做产品宣传的时候，去强调用户价值而非产品参数。

2. 主体切换

对于很多企业来说，虽然名义上说的是为用户服务，但实际上的落脚点依然是产品，潜意识的想法是"我们公司生产的就是这些产品，你用我的产品，就是我的用户，不用我的产品就不是我的用户"。这话当然没错，但是如果把落脚点放在用户身上，可能就会起到一些不同的效果。

假设你正出门在外，突然想去洗手间。你看到路边有一家传统的饭店和一家麦当劳，你更愿意选择哪家呢？应该是麦当劳吧。为什么呢？饭店虽然也是为用户服务，但给人们的印象有点"消费者主义"，即你进来消费了那我好好招待你；如果只是进来上个洗手间，也可以，不过服务态度就差多了。麦当劳就不一样，即便你进来没有消费，只是用了我的基础设施，那也是我的用户。麦当劳即是奉行了"用户主义"，关注点不只是单纯地卖产品，而是持续地经营和用户之间的关系。建立起这样的用户关系和品牌形象之后，麦当劳在用户眼中就不只是一家卖汉堡的餐厅，而更像是一个关系不错的朋友，随时可以来，一来就能得到不错的体验。

这也是为什么很多"非智能"的硬件产品，想要升级成为"智能"硬件产品的原因。非智能产品之于用户基本上就是"卖货的"，产品一旦卖出去了，和用户的关系大概也就到此为止了。企业对于用户使用产品的情况如何，除了投诉反馈之外基本一无所知。而智能硬件产品则能够通过联网，让企业和消费者通过产品得以持续连接，让企业拥有经营用户关系的一个抓手。

有了"经营用户关系"这样的思维之后，做产品的思路就可能得到拓展。麦当劳就一定只卖西式快餐吗？用户早上进门来，可能就想喝碗粥、吃根油条，因此麦当劳过去几年就在卖汉堡、鸡翅等西式快餐的基础上非常自然地增加了卖豆浆、油条、粥等中式食品。对此，用户并没有觉得奇怪，也没有觉得麦当劳的企业定位变了，反而觉得理所应当。

同样地，小米公司也是非常重视经营用户关系的企业，小米的用户被亲切地称为"米粉"。小米公司起初从开发"MIUI"开始进入手机行业，通过 MIUI 论坛和用户建立了良好的关系，与用户共创产品，从用户反馈中获得灵感，并以每周一个版本的速度快速迭代。2010 年 8 月，MIUI 第一次内测时仅有 100 个用户。后来为了向这些用户致敬，小米公司在 2013 年拍了一部微电影，名字叫作《100 个梦想的赞助商》。据说当时现场播放这个微电影的时候，不少"米粉"看得热泪盈眶。除了 MIUI 和手机之外，小米公司后续的一系列小米品牌或者生态链品牌的产品、营销活动、小米之家，无不秉承着用户运营的理念，不仅从用户身上收获了需求和利润，也收获了良好的口碑。

5.1.2 数据思维

产品经理是一个经常需要说服别人的角色。想要说服别人需要"有理有据"，"理"是道理，"据"是论据，论据往往就是"数据"。对于常见的数据分析工具，如 Excel、Python、SQL、机器学习等，能掌握当然更好，不掌握也不影响工作。这里我想要强调的是要拥有"数据思维"。

好比我们学习一门外语，掌握了再多的语法，也不一定能说上一口流利的外语，即便流利了也不一定地道。以英语为母语的人能够又流利又地道地说英语，是因为他们长期生活在英语环境中，掌握了"英语思维"。同样地，对于产品经理来说，掌握好数据思维比掌握好数据分析工具更重要，毕竟我们对于数据分析，还不需要做到那么专业和深入。

"数据思维"主要表现在以下几个方面。

1. 区分事实和观点

俗话说"事实有真假，观点无对错"。那什么是"事实"？什么又是"观点"？"事实"是客观的，是不以人的主观意志为转移的。例如我说"今天的气温是 25℃"，这就是一个事实。而"观点"是主观认为的，不同的人对于同样的一个事实可能会有不同的观点。如果我说"今天天气真热"，这就是一个观点，哪怕今天的温度是 0℃，它也仍然是一个观点。

在工作中做市场分析的时候，如果你的同事说"最近手机行业的市场容量大幅上涨了"，这句话就是一个观点而非事实。"最近"是多久时间之内？"大幅"是多少幅度？不同的人看到这句话，理解到的信息是不同的。如果你的同事继续说"手机行业市场容量上涨了"，这个也不一定是事实，依然是观点。以图 5-1 所示（该图仅为示意，不代表真实的手机行业容量走势）为例，你看到的可能是 C 点的波峰上涨，而我看到的则是持续性的下跌。

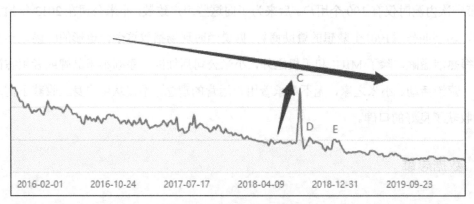

▲图 5-1　行业容量走势示意图

那么什么才算事实？"今年的手机行业市场容量相比去年上涨了 8%"，这个就是事实。因为每个人看到这句话后获得的信息是一样的，不会有误差。在做数据分析的时候要多讲事实，少讲观点，即便有观点也要建立在事实的基础之上。

2. 用客观支撑主观

"今年手机行业的市场容量相比去年上涨了 8%"的事实可以推断出"今年手机行业的市场容量相比去年上涨很多"的观点吗？"8%"到底是多还是少，需要有一个标准，有了标准这个观点才可能立得住。假设我们回溯历史，手机行业市场容量的年上涨幅度从来没有超过 5%，那我们可以认为 8% 的涨幅是很大的，突破了历史新高；但如果此前的年化复合增长率达到了 15%，那 8% 就应该算是增速降低。

有了"标准"，再用数据和"标准"进行对比，就可以得到立得住的观点。如果没有一个客观标准存在，那么讨论问题的时候就容易"空对空"，难以得到一致的观点。

3. 不预设立场

在做市场分析、用户研究等工作的时候，产品经理会收集到大量的数据。所谓"预设立场"就是先有一个观点，再来寻找数据作为支撑。正确的做法应该是从数据中推导出观点，而非反过来操作。一旦预设了立场，数据分析就会变成"形式主义"，因为只要你想，你总能有意识或无意识地忽略掉对预设观点不利的数据，眼里只看到有利的部分。

那如果没有预设立场，寻找数据时应该采用什么思路呢？预设立场是已经固定了立场，找数据来支持，一个数据不行就换另一个，直到找到为止。预设立场不行，但我们可以"假设"立场，即我先假定一个观点，如果有数据明显推翻了这个观点，那我就抛弃这个假设，实事求是。预设立场是"固化"的，假设立场是"动态"的。

4. 重推导、轻归纳

"归纳法"指的是从有限的数据里总结得到一般性的结论。例如一个数据指标，如果去年上涨了，前年也上涨了，甚至大前年也上涨了，那么使用"归纳法"可以得到该数据指标明年也会继续上涨的结论。但实际上归纳法得到的结论往往是经不起推敲的。

更好的方式应该是采用"逻辑推理"，分析该数据前三年上涨的原因和逻辑究竟是什么，以及这个原因和逻辑在今年是否还存在，如果存在那就可以比较肯定地得到今年继续上涨的结论。例如 2020 年因为新冠疫情，许多人长时间赋闲在家，无聊时就鼓捣一些美食吃，小家电行业因此呈现爆发式的增长，显然新冠疫情是促进此次增长的重要原因。如果明年疫情依然持续，增长势头有可能得以保持；但如果疫情控制得当、危机解除，那么行业情况很可能会大幅度地回落到疫情前的水平。

5.2　中观思维

5.2.1　创意思维

在产品设计的过程中，为了解决用户在产品使用过程中的问题，或者想让产品在同类产品中更加与众不同，产品经理需要具备创意思维。

创意：通过创新思维意识来挖掘资源组合的各种方式，从而提升资源价值。

为了激发创意，很多企业会使用到"头脑风暴"（Brain Storming）的方法。该方法由美国 BBDO 广告公司创始人亚历克斯·奥斯本首创，目标是让团队成员在一个融洽的、不受限气氛中以会议的形式进行讨论，打破常规、积极思考、充分发表意见。1938 年，BBDO 公司出现危机，流失了很多重要客户，为了挽回局面，奥斯本希望通过一套发散创意的方式，聚集业务、文案、设计等不同岗位的员工，共同碰撞出解决问题的好创意。

头脑风暴法虽然是以会议形式进行，但和一般意义上的传统会议有很大的不同。传统会议的特点是"有领导、会议目的明确、会议方向为收敛"，倡导的是"会前有准备、会中有议程、会议有结果、会后有跟踪"。而头脑风暴方法则有所不同，奥斯本提出了头脑风暴会议的四个基本原则。

第一，禁止批判。会议过程中鼓励所有成员自由发散，其他成员不得相互批评。

第二，独特想法。所有成员保持思想活跃，点子越新奇越能激发创意。

第三，量大于质。相比质量更重视数量，每个观点和想法无须深思熟虑，而是通过大量的点子来提升诞生好创意的概率。

第四，结合改善。在大量的点子中，将不同点子相互结合，可能会生成更好的创意。

另外，还提出了召开头脑风暴会议的五个步骤。

（1）确定具体的主题。如果主题比较宽泛，达不到预期的讨论效果，可以适当地收缩主题范围，降低讨论的难度。例如原来讨论的主题是"如何做好一款产品"，如果讨论过程中觉得问题太大，可以细化至"如何结合用户使用产品的反馈，让产品更好用"，这样讨论思路就能围绕着用户使用产品的流程展开，有线索可循。

（2）聚集各领域的人才。参加头脑风暴的人员，角色差异越大越好，这样可以从各自不同的视角贡献想法，容易碰撞出新的火花。

（3）主持人带动讨论。主持人在头脑风暴过程中，起到的主要作用是鼓励大家发言，带动气氛，而不是点评和总结。

（4）自由发言，详细记录。记录不要简化，不要形成总结性的文字，而是要逐字记录。只言片语都可能是解决问题的"钥匙"。

（5）评估。以"独创性"和"实现性"为主要导向，评估所有点子的可行度。

通过上述的头脑风暴的"四个原则"和"五个步骤"，我们可以知道召开一个高质量的头脑风暴会议的流程和方法是什么。然而在头脑风暴的时候，是否存在一些有利于形成创意的思考框架呢？下面介绍一套"加减乘除"的"四则运算创意生成法"。和传统的产品设计思路（先有功能后有形式的逻辑推演）不同，"加减乘除"的思维方式可以让我们利用"套路"来打破固有的思维框架，从而产生灵感。

1. 加法策略

加法策略：将两种或多种旧元素组合到一起，形成一款新的产品。

当元素 1 和元素 2 的差异越大的时候，将二者组合起来的效果可能会越好。例如，"功夫"和"熊猫"看起来八竿子打不着，但组合起来的"功夫熊猫"形象就显得很有新意。表 5-1 所示为一些应用了"加法"策略的产品案例。

表 5-1　应用"加法"策略的产品案例

元素 1	元素 2	产品=元素 1+元素 2
录音机	耳机	随身听
奶茶	珍珠粉圆	珍珠奶茶
洗衣机	烘衣机	洗烘一体机
烤箱	空气炸锅	空气炸烤箱
加湿器	净化器	加湿净化器

2. 减法策略

减法策略：减法的思路和加法恰好相反，是在旧有的产品中，寻找一些可拆分的元素，将该元素剔除出产品以形成新产品的创意。

一些应用"减法"策略的产品案例如表 5-2 所示。

表 5-2　应用"减法"策略的产品案例

旧产品	可拆分元素	新产品
洗衣液	去污活性成分	衣物清新剂

续表

旧产品	可拆分元素	新产品
功能手机	键盘	iPhone
柜台取现	人工服务	ATM 机
眼镜	眼镜架	隐形眼镜
传统家具厂	家具组装	宜家
耳机	线	蓝牙耳机
iPhone	通话功能	iPod Touch

　　其中，"衣物清新剂"的案例在 4.1.1 节"产品策略"中提到过。洗衣液里最关键的元素就是去污活性成分，如果把这个元素去除了，那还是洗衣液吗？有谁愿意买一个洗不干净衣服的洗衣液呢？这其实是 Vitco 公司在对"洗衣液"产品运用减法策略时碰到的困难，但所有人都遵守了头脑风暴的会议规则，抑制住了把"不可能"脱口而出的冲动。后来有人灵机一动，提到了有很多用户的衣服其实并不脏，他们洗衣服只是为了让衣服有"清新"的感觉，很可能就是这款新产品的目标受众。Vitco 的总裁直接拍板：那就不叫洗衣液了，叫作"衣物清新剂"吧！

3. 乘法策略

　　乘法策略：先列出产品的组成元素，然后选择其中一种元素进行复制，再与原产品组合成为一款新产品。

　　一些应用"乘法"策略的产品案例如表 5-3 所示。

表 5-3　应用"乘法"策略的产品案例

旧产品	可复制元素	新产品
剃须刀	刀片	双锋/多锋剃须刀
灯泡	灯丝	多路灯泡
手机	SIM 卡	双卡双待手机
手机	摄像头	双摄/三摄手机
步枪	枪管	加特林机枪
CPU	核心	双核/四核/八核 CPU

下面展开分析灯泡的案例。普通灯泡里面只有一根灯丝，灯泡就只有简单的开和关两个功能。将灯泡中的灯丝元素复制一下，比如复制为两根，每根采用不一样的功率。例如一根是25W，另一根是 50W，那么就可以做成具有三档功率的灯泡，可以实现不同亮度的控制。当启动一档开关时，点亮 25W 的灯丝；当启动二档开关时，点亮 50W 的灯丝；当启动三档开关时，两根灯丝一起点亮，就达到了 75W 的功率。

如果对灯泡本身进行复制，又可以启发另外一个新的产品思路。比如，在一个灯泡的照射下会产生阴影，影响医生在手术台上做手术的视线。如果将多个灯泡聚集到一起，让它们朝不同方向照射，那么每个灯泡的阴影就会减弱，从而形成"无影灯"这个新产品。

4. 除法策略

除法策略：把产品分解成几个元素，然后将这些元素重新组合成新的形式，并分析这种新形式的优点，最后倒推出新的产品功能。

下面介绍除法策略的一个经典案例——"冰箱"是如何变成"空调"的？

分解"冰箱"可以得到门、压缩机、灯泡、隔板等元素，如果把其中的"压缩机"元素放到其他地方会如何？例如挪到厨房外，甚至放到室外会有什么结果？没有压缩机的冰箱还能成为一个产品吗？当然可以，通过管子将没有压缩机的"冰箱"和放到室外的压缩机连起来就好了，并且这种新形态大家都很熟悉，就是空调。

以上介绍的头脑风暴方法和加减乘除四种策略，在打破固有思维框架方面的表现非常优秀。许多平时想不到、不敢想、或者觉得不可能的想法，在策略的压力下，不敢想也得想，往往就有可能产生与众不同的创意。当然，不是运用这种方式就一定会有颠覆性的产品诞生，但基于方法论的创意思维，确实能大大地提高产出灵感和创意的概率。

5.2.2 财务思维

财务是专业度很高的一个领域。对于硬件产品经理来说，要想拥有财务思维，能够大致读懂财报三表应该算是一个打底的基础。

"财报"是财务报告的简称，记录了公司经营的主要财务指标，是反映财务状况和经营成果的书面文件。

"财报三表"包括利润表、资产负债表以及现金流量表。

财报就像公司的一张"体检单"，可以客观地反映公司哪方面强、哪方面弱、哪方面可能存在隐患。学习财报三表，并非真的为了读财报，而是通过这种方式积累对于财务领域里面一些常见概念的理解。另外，如果要分析的竞争对手是一家上市公司，那么阅读对方的财报，也是一个快速、准确地了解对手经营状况的方式。

1. 利润表

利润表反映了企业在一段时间内的经营成果，记录了三大信息——收入、成本和利润。"利润=收入-成本"是利润表的核心公式。通过利润表，可以看到公司在一年、半年、一个季度内，赚了多少钱、花了多少钱、还剩多少钱。

我们先看看利润表中的"收入项"。利润表中的各个"收入项"的解释说明如表 5-4所示。

表 5-4　利润表中的"收入项"

收入项大类	具体收入项	描述
营业总收入	营业收入	企业经营主营业务获得的收入
	其他相关的业务收入	除主营业务之外的其他业务收入
其他收入	其他收入	例如政府补贴带来的收入
	投资收入	公司对外投资获得的收入
	公允价值变动收入	投资资产的公允价值变动而产生的账面收入
	资产处置收入	处置资产获得的收入
营业外收入	营业外收入	和营业没有关系的收入

接着看看利润表中的"成本项"，利润表中的各个"成本项"的解释说明如表 5-5所示。

表 5-5　利润表中的"成本项"

成本项大类	具体成本项	描述
营业总成本	营业成本	为了生产和销售与主营业务有关的产品或服务所投入的直接成本（如原材料、人力成本等）
	税金及附加	企业经营业务应缴纳的相关税费
	销售费用	为了促进商品销售而产生的费用
	管理费用	为了日常管理而产生的费用
	研发费用	为了研发产品而产生的费用
	财务费用	为了筹集生产经营所需资金而产生的费用（如利息支出等）
	资产减值损失	资产本身价值下跌造成的损失
营业外支出	营业外支出	和经营没有关系的支出
所得税费用	所得税费用	企业在获得经营利润后向国家缴纳的所得税

成本中的销售费用、管理费用、研发费用和财务费用被统称为"期间费用"，简称"四费"。

最后看看利润表中的"利润项"，利润表中的各个"利润项"的解释说明如表 5-6 所示。

表 5-6　利润表中的"利润项"

利润项	计算方式
毛利润	营业收入–营业成本
核心利润	营业总收入–营业总成本
营业利润	营业总收入–营业总成本+其他收入
利润总额	营业利润+营业外收入–营业外支出
净利润	利润总额–所得税费用

产品经理在财务测算的工作中，可能会用到其中的相关概念。有了以上利润表中的数据，也可以分析出企业的一些基本情况。

从收入、成本和利润的"二级指标"中，能够分析出一些有价值的信息，如表 5-7 所示。

表 5-7　收入和成本的指标分析

项目	收入和成本的指标	计算方式
收入	营业收入占比	营业收入/（营业总收入+其他收入+营业外收入）
	营业收入增长率	（本期的营业收入–上期的营业收入）/上期的营业收入

续表

项目	收入和成本的指标	计算方式
成本	营业成本率	营业成本/营业收入
	费用率	四费/营业收入
利润	毛利率	毛利润/营业收入
	核心利润率	核心利润/营业总收入
	净利率	净利润/（营业总收入+其他收入+营业外收入）

营业收入占比：该指标最好大于 90%，否则企业有不务正业之嫌。

营业收入增长率：该指标如果能高于行业的平均水平，那么可以认为该企业为行业中较优秀的选手。

如果营业收入都来自某一个行业，则更容易成为一家好公司，因为过分多元化的企业，从历史经验来看往往不太好；如果营业收入集中来自部分地区或者部分客户，则说明企业的经营风险比较高，一旦该地区出现意外或者大客户关系维护不好，企业的营业收入就会受到极大的影响。

营业成本率和费用率：这两个指标如果稳定则正常，如果有小幅的减少则说明公司在有效地控制成本。

毛利率：该指标从产品的角度来评估利润，体现的是产品的竞争力。在同样配置的不同品牌产品中，如果能获得更高的毛利润，代表该产品的竞争力更强，用户愿意为它付出更高的溢价。如果整个行业的产品毛利润都很高，那么意味着这是一个营收能力强的行业，例如白酒行业。

核心利润率：体现公司业务的竞争力。核心利润率越高，说明公司业务的营利能力越强。如果一家公司的核心利润率连续 5 年高于同行，说明其营利能力具有优势。

净利率：体现公司的综合效益情况。净利率越高，代表公司整体的效益越好。但与业务无关的收入占比不能太高。

2. 资产负债表

"利润表"可以体现出企业在一年中赚了多少钱、花了多少钱、剩了多少钱,却不会体现出企业把赚的钱都用到哪里去了。如果要了解企业有多少资产、多少负债、赚的钱去哪儿了,那就需要通过"资产负债表"来寻找答案。

资产负债表中的会计恒等式是"资产=负债+所有者权益"。从这个恒等式中我们可以看到,资产负债表的三个重要组成部分分别是资产、负债和所有者权益。

"资产"部分对应的科目如表 5-8 所示。

表 5-8 资产负债表中的"资产"科目

资产科目	描述
货币资金	以货币形式存在的资产,包括现金、银行存款、理财产品
固定资产	企业为生产经营而持有的、使用时间超过 12 个月的非货币性资产,如建筑物、机器、运输工具等
在建工程	处于建造过程中的固定资产,建造完成后将从在建工程科目划到固定资产科目
存货	企业等待出售的商品、生产到一半的半成品或者原材料
应收账款	企业应向购买单位收取但还未到账的款项
交易性金融资产	用公司资金购买的股票、债券等资产
无形资产	包括专利权、非专利技术、商标权、著作权、土地使用权、特许权等

"资产"分为"重资产"和"轻资产"两个概念。

重资产:企业投入大量资金购买的原材料、机械设备、厂房等有形资产。重资产公司指以较大的资金投入获得利润回报,且产品更新后需要更新生产线,资产折旧率较高,如大多数机械制造企业。

轻资产:主要是企业的无形资产,如企业的经验、管理方法、人力资源、企业品牌、资源的获取和整合能力等。轻资产公司指企业紧紧抓住自己的核心业务,而将非核心业务如物流、生产等外包出去。轻资产运营是以价值为驱动的资本战略。

可以通过"有形资产比例"来分辨公司是属于轻资产公司还是重资产公司,计算公式如下。

$$有形资产比例=（固定资产+在建工程）÷总资产$$

如果有形资产比例大于 30%，那么可以认为这家公司属于重资产公司。对于做硬件产品的企业来说，如果有自建工厂，那么就是重资产公司；如果是外包生产，那么一般是轻资产公司。

"负债"部分对应的科目如表 5-9 所示。

表 5-9　资产负债表中的"负债"科目

负债科目	描述
长期借款	还款期限在 1 年以上的借款
短期借款	还款期限在 1 年以内的借款
应付账款	企业购买商品应支付但还未支付的款项

负债科目中，有一些指标可以帮助我们判断企业的负债情况，如表 5-10 所示。

表 5-10　"负债"科目中的关键指标

负债科目中的关键指标	描述
资产负债率	负债总额/资产总额
有息负债率	有利息的负债/总负债
长期资金占不动产及设备比率	（所有者权益合计+非流动负债合计）/（固定资产+在建工程）

另外还有一些指标，如流动比率和速动比率，可以帮助我们判断企业的偿债能力。其中流动比率=流动资产÷流动负债。

流动资产的内容如表 5-11 所示。

表 5-11　"流动资产"包含的科目

流动资产的科目	描述
货币资金	指现金、银行存款以及其他可灵活支取的资金
交易性金融资产	公司购买的股票、债券等
应收账款	应收但实际还没到账的款项，例如别人欠公司的钱
预付账款	预先支付的款项，例如供应方还没发货但企业已支付了的钱
存货	存放在仓库里，暂时还没售出的产品

流动负债的内容如表 5-12 所示。

表 5-12 "流动负债"包含的科目

流动负债的科目	描述
短期借款	由于生产经营需要，从银行等金融机构借入的、需要 1 年内偿还的借款
应付账款	公司由于购买材料、商品或接受劳务供应而产生的债务
预收款项	公司的货物还没销售出去，但是提前收取了的款项
应付职工薪酬	应该发给员工但还没发的工资、奖金、社保及公积金

最后，用资产减去负债就是"所有者权益"。

所有者权益的内容如表 5-13 所示。

表 5-13 "所有者权益"包含的科目

所有者权益的科目	描述
实收资本	从股东那里实际收到的资本
未分配利润	公司留待以后分配的利润

在资产负债表中，我们可以根据以下几个指标来分析企业的整体运营情况。

（1）**总资产周转率**：总资产周转率=营业总收入/平均资产总额，其中，平均资产总额=（期初资产总额+期末资产总额）÷2。总资产周转率用于评估公司的整体运营能力，即在一段时间内，用所有的资产能赚到多少钱。

（2）**存货周转率**：存货周转率=营业成本÷平均存货总额，其中，平均存货总额=（期初存货总额+期末存货总额）÷2。存货周转率用于反映存货的流动性及存货资金占用量是否合理，促使企业在保证生产经营连续性的同时，提高资金的使用效率，增强企业的短期偿债能力。

（3）**应收账款周转率**：应收账款周转率=营业收入÷平均应收账款总额，其中，平均应收账款总额=（期初应收账款总额+期末应收账款总额）÷2。应收账款周转率越高，表明公司收账速度越快，坏账损失越少，资产流动越快，偿债能力越强。

3. 现金流量表

现金流量表分为三个部分：经营活动产生的现金流量、投资活动产生的现金流量和筹资活动产生的现金流量。

经营活动产生的现金流量包括的内容如表 5-14 所示。

表 5-14　经营活动产生的现金流量

经营活动产生的现金流量	描述
销售商品、提供劳务收到的现金	公司靠经营业务赚到的现金
购买商品、接受劳务支付的现金	公司采购生产资料支出的现金

投资活动产生的现金流量包括的内容如表 5-15 所示。

表 5-15　投资活动产生的现金流量

投资活动产生的现金流量	描述
对内投资	把钱花在自己身上，打造自身竞争力，如买地、建厂、打造品牌等
对外投资	出资组建子公司等，说明公司处于扩张阶段
	投资基金、股票等金融资产，若此项太大则有不务正业之嫌

筹资活动产生的现金流量包括的内容如表 5-16 所示。

表 5-16　筹资活动产生的现金流量

筹资活动产生的现金流量	描述
权益性筹资	通过向他人出售公司所有权来获得资金的融资方式，如向股东增发股票
债务性筹资	通过负债筹集资金的方式，如向银行等金融机构借钱
分配股利、利润或偿付利息所支出的现金	把公司盈余、利润等分配给当初筹资的投资人
偿还债务所支付的现金	公司归还借来的本金和利息

本节内容基本为财务上的一些概念，产品经理大致了解即可。

5.3　宏观思维

5.3.1　领导思维

领导是一个具体的岗位，而领导思维是一种思维体现，和所属岗位没有必然的联系。身处领导岗位的人不一定具有领导思维，而具有领导思维的人也不一定是领导。

产品经理这个岗位，是需要通过他人之手来实现产品目标的。不像研发岗位的同事基本上自己一个人对着一台电脑就可以实现目标，产品经理如果只靠自己的话，几乎什么事情都做不成。有句话是这么说的："对于一个项目来说，什么事情都和产品经理有关，什么事情又都和产品经理无关。"这句话的意思就是产品经理需要为各个环节的结果承担责任，所以说"什么事情都和产品经理有关"；而各个环节又都不是产品经理自己来做的，因此又说"什么事情都和产品经理无关"。

从这句话中可以总结出来产品经理这个岗位的两个特点：一是"承担责任"，产品经理需要对结果负责；二是"解决问题"，但不是自己解决问题，而是带领一群人去解决问题。这就和"领导力"的要求不谋而合。所谓领导力，就是勇于承担责任，带着一帮人解决问题。

北京大学汇丰商学院教学副教授刘澜博士在《领导力必修课：动员团队解决难题》一书中描述了领导思维的几个关键点，包括承担责任、动员解题、包容异议、会讲故事、不怕犯错等，这些内容都非常适用于产品经理这个角色。接下来就从这五个方面来阐述领导思维的具体表现。

1.　承担责任

产品经理在日常工作中，经常需要主动向前跨出一步，勇于担起责任。

对于上级和平级，产品经理可以说"让我来"。比如当有一些挑战性强的任务无人敢承担，或者一些分工不明确的事情无人愿意承担的时候，产品经理应该挺身而出。这时候的"让我来"实质上就是具备了领导思维的具体表现，因为"承担责任"是让我来发挥领导力，而不是让我来当领导。

对于项目组成员或者下级，产品经理可以说"跟我来"。能够说出"跟我来"是一种魄力和勇气的体现，同时也是在履行产品经理的职责。产品经理是企业业务的火车头，指引了产品、产品线乃至公司未来的发展方向。其他部门的人对于产品规划、业务发展都是不清晰的，需要产品经理勇于说出"跟我来"，这样大家才能走在对的路上。除了指引方向，"跟我来"还有以身作则的作用。例如，每年圣诞节期间是亚马逊公司最为忙碌的时候，这时在亚马逊库房里分拣货物的员工会非常忙碌和辛苦，甚至会有救护车直接停在仓库门口以防万一，因为工作强度实在是太大了。这时候亚马逊的创始人贝佐斯不是讲话或者慰问,而是直接到库房里和工人们一起配送货物,这是以实际行动在说"跟我来",也正是所谓的以身作则。

2. 动员解题

领导力的一个表现是承担责任,另一个表现则是解决问题,而且是动员群众解决问题。

在产品经理的日常工作中,其所碰到的问题可以划分为两类:一类是"技术性问题",另一类是"挑战性难题"。所谓"技术性问题",可以认为是一些比较具体的问题,是应用已有的流程就可以解决的问题。例如怎么做好一个产品,怎么提升产品性能,怎么降低成本,怎么提升品质水平等。而"挑战性难题"的难度更大,往往没有固定的流程可以遵循,甚至可能还需要打破已有的流程。例如未来三到五年公司要做什么产品,这就是一个挑战性难题。

可以总结为,解决技术性问题的方法确定性比较高,是"正确地做事";解决挑战性难题的方法不确定性比较高,是"做正确的事"。这也对应到了"管理"和"领导"的两个概念,"管理"是着重解决技术性问题,"领导"是着重解决挑战性难题。

面对挑战性难题,只靠自己一个人或者只靠产品部门是不够的,但是产品经理可以作为主导,提出建设性建议,然后和财务、采购、市场等部门协同解决。面对技术性问题,因为涉及硬件、软件、结构、设计、品控等专业领域的知识与技能,产品经理即便知道解决思路,对于落实方案也没有项目组各领域的成员来得专业,所以需要动员各成员来获得答案。即便是电子或者结构出身转行的产品经理,对于该领域的专业度甚至比项目组中专门负责这方面工作的成员还高,也最好由对应领域的责任人来给出答案。

3. 包容异议

有些企业的领导,会在团队内部刻意培养一些"唱反调"的人。马云曾经说过:"当一个新业务所有人都觉得很好的时候,我会立即将其毙掉。"唱反调看起来似乎是在"抬杠",对于事情的推进起着"阻挠"的作用,但从整体上和长远上来看,唱反调的人的存在是有很大好处的。首先,这个人说的有可能是对的,因为你不能保证自己永远都对。其次,哪怕唱反调的人说错了，也可以迫使你从另外一个角度去充分思考，让问题暴露得更充分，让思考评估得更全面。

虽然产品经理的岗位名称里带着"经理"两个字，但实际上产品经理在绝大多数公司内部的职权并不大，对于项目组成员的沟通方式，不是"下达指令"而是"沟通协调"。这种情况下，因为没有"领导"这个岗位的加持，更加会有很多"唱反调"的声音出现。对于你提出的产品规划、制定的产品定义、一些产品细节问题的处理方式，几乎都会有人出来质疑。在前期质疑其实是好事，大家帮忙提意见，是否采纳最终还是由产品经理来决定，毕竟如果最终有问题，责任由产品经理来承担。谁决策谁担责，反过来也一样，谁担责谁决策。产品经理虽然不是名义上的领导，但实际上做的事情却和真正的领导所做的很像。

对于整个项目组成员，可以做一个大致的分类。依然以二维四象限坐标图来作为分类工具，分类的两个维度是"能力"和"价值观"，如图 5-2 所示。

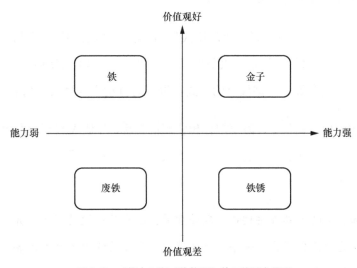

▲图 5-2 "能力"和"价值观"的二维四象限图

（1）"能力强、价值观好"：这类成员是"金子"，是你在项目组里的贵人，对于产品的成功起到了重要的作用。

（2）"能力稍差、价值观好"：这类成员是"铁"，属于项目组里的大多数。

（3）"能力差、价值观也差"：这类成员是"废铁"，对于产品落地的帮助较小，甚至有可能拖后腿。

（4）"能力强、价值观差"：这类成员是"铁锈"，比较危险，一不小心可能会把你带到坑里。

"金子"型和"铁"型的项目成员往往会独立思考、积极参与，他们提出的异议一定要重视。"废铁"型和"铁锈"型成员提出的异议，可以听听，毕竟是否采纳在于你，说不定还可以启发你的新思考。

4. 会讲故事

前文多次提到，产品经理需要借助他人之手来实现目标。这就决定了产品经理在实际工作中需要说服各种各样的人，既要说服各部门高层同意你的规划和方案，也要说服项目组成员按照你的计划走，这样才能够有理想的产出。

会讲故事当然不是为了"画大饼""忽悠人"，而是要在坚实的调研分析、逻辑推导、数据支撑的基础之上，将得出来的结论以让人更容易接受的方式传递给其他人。通过情感来打动人，比通过理智来打动人更有效，而讲故事的方式可以同时打动人的理智和情感。

一个能够影响到他人的故事，需要把你想实现的目标，与他人想要获取价值的动力联系起来。同时也需要注意，"讲故事"是为了影响他人，而不是试图通过故事去控制别人。这里我们先来听听一个故事。

有一天，我和 5 岁的外甥女去爬山。爬着爬着，小孩子很快就累了，并表示爬不动了，要我抱着她继续爬。这时候我还背着一个挺重的背包，实在没法抱着她继续爬。可是她才不管这些，就是吵着要抱，还闹起了情绪。

于是我和外甥女说："我们坐下来休息一下吧，我给你讲个故事听，要不要？"听到有故事可以听，外甥女马上就安静下来了，等着我讲。我和她讲："舅舅上周爬山的时候，碰到了一个和你一样大的小女孩，她是和她的爸爸一起爬山的，她的爸爸也背着一个登山包。爬到一半的时候小女孩和你一样，也是爬不动了，要爸爸抱。这时候小女孩的爸爸做了一件事情，小女孩就不再让爸爸抱了，你知道是什么事情吗？"外甥女摇摇头，然后好奇地等着我继续讲下去。我继续讲道："那个爸爸对他的女儿说，'如果你能够把这个背包搬到前面那个地方，那我就抱着你爬山。'小女孩考虑了一下，然后就拿着书包往前走，走了没一会就变成了拖着书包走，再过一会就走不动了。小女孩的爸爸走到了小女孩旁边，蹲下来和她说，'感觉怎么样呢？'小女孩说，'这个包太重了，爸爸要背着这样的包一定很辛苦，如果还要抱着我，那肯定就更辛苦了，我不想让爸爸这么辛苦。'"

外甥女听完故事之后，也真的就没有再继续让我抱她了，接下来的路程都是她自己走的。

这就是在生活中通过讲故事来影响他人的一个例子。我们再来看一个在职场中讲故事的例子，这是我的一个老板给我讲过的一个故事，我至今印象深刻。

那是我刚进入职场不久的时候，当时公司的业务正好碰到了一些困难，公司的业务增速开始放缓，甚至还有点下滑的迹象，公司的大部分员工的年终奖金都受到了影响，对于公司未来发展的信心也开始有点动摇。这时候公司的老板在一次全员大会的时候给我们讲了一个故事。

老板一开口就问了大家一个问题："哈佛商学院曾经做了一个著名的'动机'实验，你们有知道的吗？"大家都不知道，同时也被他问的这个问题吸引住了。大家都摇摇头表示不知道，老板继续说道："这个实验是这样子的，实验人员召集了两组人，分别给他们安排了一些实验任务。安排给两个组的实验任务是完全一样的，唯一的区别是，其中一组的成员如果任务完成的速度是排名前20%的话，那么就可以得到1000美元的现金奖励；而另外一组则没有任何的任务奖励。大家都以为有奖励的一组肯定整体的完成效率会更高，但结果却大大地出乎了所有人的意料——没有任何奖励的那一组，完成任务的平均速度，整整比有奖励的那组高出了30%。"

老板停顿了一会，笑了笑继续说道："你们可能会以为我想和你们说，奖金并不重要（这在当时指的是年终奖）。奖金当然是很重要的，但是我们在公司里工作，除了奖励之外，肯定还有一些其他的东西，也是我们想获得的，我把这个东西叫作'使命感'，这同样也是值得我们一起去追求的。"

老板沉默了一会，看了看所有员工，然后继续说道："我们都知道爱迪生发明了电灯，但是很少人知道，爱迪生还是通用电气公司的创始人。通用电气刚成立的时候，确定下来的公司使命就是'让世界亮起来'。当时的电灯只能亮两三分钟，他们的目标就是为了让电灯能够持续点亮一个小时以上。正是抱着这样的使命感，才有了通用电气公司后来的辉煌。

"我一直都很担心，我们公司的同事们，抱着的是为我个人打工的心态在工作。我希望的理想状态是，你们和我，都是一样的，都是为了我们共同的使命，在一起工作、一起努力、一起奋战着。今年公司确实比较困难，影响到了大家的奖金，有部分的同事可能会有点情绪。但我相信，这个困难是很短暂的，只要我们一起为了共同的公司使命继续奋斗，明年我们一定能够重新登顶！"

讲故事除了可以用来打动人之外，故事在我们的产品工作中还有另外一个重要的作用：可以用来扩大品牌和产品的内涵。

特斯拉的创始人埃隆·马斯克（Elon Musk）在我们的印象中就是一个科技狂人，其实他还是一个讲故事的高手。大家熟悉马斯克这个人，大多是通过特斯拉电动汽车了解到的。但马斯克除了创办了特斯拉，还创办了另外四家公司：SpaceX、The Boring Company、SolarCity 和 Neuralink。这五家公司组合到一起，是为了完成一个宏伟的、疯狂的计划：移民火星！这也是马斯克一直在给众人讲的故事。

为什么马斯克要做特斯拉？因为火星上空气稀薄、缺少氧气，以内燃机为主的交通工具无法工作，所以需要新能源汽车。

为什么马斯克要做 SolarCity？因为火星缺乏氧气，无法烧煤或者烧天然气，且火星上因为缺水也无法利用核能，因此最有效的能量来源就是太阳能，而 SolarCity 正是做太阳能业务的。

为什么马斯克要做 SpaceX？SpaceX 做的各种大火箭和星际运输系统，用意再明显不过了，就是为了把人类运送到火星。

为什么马斯克要做 The Boring Company？这家公司的核心技术是在地下挖隧道，将管道抽成真空以减少摩擦力，这就是所谓的"超级高铁"（Hyperloop）项目。火星上本来就是真空，而且地底可以随便挖，这就解决了交通问题。

为什么马斯克要做 Starlink（星链计划）？因为到了火星之后，不管是和地球的通信还是火星上的内部通信，都需要行星级别的通信技术，因为一开始很难在火星上建立类似地球上的巨大通信基站和光纤网络。

在我们了解了马斯克的全盘布局之后，许多人购买特斯拉汽车，就不仅仅是为了消费汽车本身了，也有一种消费马斯克"理想主义精神"的情怀在里面。

5. 不怕犯错

对于任何人来说，犯错几乎都是不可避免的。对于产品经理来说更是如此，因为其所承担的工作内容的不确定性太强。在"不确定性"中寻找"确定性"，本身就很困难，因此犯错的概率也会变大。就好比你花了好几个月的时间研究一个公司，最后决定买入它的股票，但结果该股票仍然可能会跌。犯错误并不可怕，可怕的是无法让错误反哺于行为。

任正非在华为内部曾说："对既没有犯过错误、又没有改进的干部可以就地免职。"

乔丹说："在我的职业生涯中，我有 9000 次投篮未中，输掉了差不多 300 场比赛。在 26 场比赛中，我在最后关头的投篮能够决定比赛胜负，但我没有投中。我在一生中一次又一次地失败，但那正是我成功的原因。"

害怕失败是人类的天性，从心理学上来说就是"损失规避"。假设你某一天突然捡到了 1000 元，然后又不小心把这 1000 元搞丢了。从理性上来看，一得一失其实不赚不亏，但从最终的心理感受来看，你心里大概率是很"不爽"的，因为丢失 1000 元给你带来的痛苦，比得到 1000 元的快乐要大得多，这就是损失规避的心理带来的效果。害怕失败是由于失败会破坏自我认同。每个人对于自己都是有一定程度的认同的，否则就会因为太悲观、太自卑而崩溃，无法继续生活下去。每一次的失败都会对人们的自我认同造成打击，加上周围人对于失败的负面评价，会造成心理上短期或者长期的情绪低落。

面对失败和错误，我们应该如何应对？从前期、中期、后期的时间逻辑线来看的话，可以分为三类：前期扼杀苗头，中期及时暴露，后期分析原因。

首先是"前期扼杀苗头"。有句话说得好，"上游思维治未病"，也就是"防患于未然"的意思，将错误扼杀在摇篮中。

春秋战国时期，有位神医被尊称为"医祖"，名字叫扁鹊。有一天，魏文王问扁鹊："你们家有三个兄弟，都在江湖行医，那么在你看来谁的医术是最高明的？"扁鹊说："我大哥最强，二哥次之，我是最差的。"魏文王疑惑地接着问："那为什么反而是你的名气最响呢？"扁鹊回答道："我大哥治病，是在病情还未发作之前，就给别人治好了，导致别人都认为他只能治些'小病'，因而没什么名气。我二哥治病，是在病情刚开始恶化的时候帮助别人治好，所以大家都认为他能治'中病'，因此小有名气。而我比他们都差，要在病情急剧恶化的时候，需要做很大的手术才能治好，大家都以为我能治'大病''重病'，因此得以名扬天下。"

我们再举一个现实中企业的案例。

有一家美国公司的名字叫 Expedia，是一个提供在线订机票、订酒店、租车服务的公司，类似于国内的携程。有一次公司发现，所有客服电话中，每年有 2000 万个电话咨询的内容是关于用户订票之后找不到行程单的。假如一个电话的成本是 1 美元，那么关于订票找不到行程单的问题，每年就要多花费 2000 万美元。为了解决这个问题，公司专门成立小组来深入调研，最后发现找不到行程单是因为用户留了错误的邮箱地址，或者行程单被归类到垃圾邮件里去了。最终产品经理改善了产品设计，比如让用户填写两遍邮箱以降低邮箱填写的错误率，页面上提醒用户去垃圾邮箱查找，加设一个按钮可以一键调出行程单等。通过这些改善措施，打电话咨询此类问题的比例从 58% 降到了 15%。

如果最开始产品经理能够足够敏感，把问题发生的可能性都考虑到的话，后面的人力损失其实本来是可以避免的。假若一开始就考虑到位，就是典型的将错误扼杀在了摇篮中。但我们换个角度想，假如时光倒流，一开始产品经理就把问题都考虑到了，后续自然就没有了这些问题，也就没有了我们举的这个例子。那么还有谁知道产品经理曾经做出过的"功劳"，为企业在无形中节约了 2000 万美元的人力成本呢？事实是，很遗憾没人知道。这也是扁鹊的大哥毫无名气的原因所在。

其次是"中期及时暴露"。正如 3.4 节"项目管理"中讲过的，不知道风险在哪里就是最大的风险。因此要鼓励项目组成员多暴露问题，以免小问题演化成大问题。

最后是"后期分析原因"。总有一些问题会留到后期，变成大家一眼就能看出来的问题，而且可能到这个时候已经是严重问题了。对于这类问题，需要分析原因。分析原因要对事不对人，推荐采用"5 why 分析法"（又称"5 问法"，就是对一件事情连续问 5 个"为什么"）来挖掘问题背后真正的原因。千万不要一上来就问："这是谁的责任？"这话一出来，要么没人愿意接话，要么即便有人接话也是即将陷于无尽的讨论（甚至是扯皮）之中。而是应该问："发生了什么？"这样子不仅问题能够得到解决，错误本身也能成为反哺产品、企业做强的力量源泉。

错误是对不当行为的反馈，是一次提醒，是一场教育，也是一次学习的机会。当然也不是说就要故意去挖坑。同时，不怕犯错，也需要企业自身有比较好的"容错"的宽容氛围。

5.3.2　商业思维

培养商业思维，首先需要了解有哪些商业模式。

所谓"商业模式"指的是企业与企业之间，企业和渠道、用户之间所存在的各种各样的交易关系和连接方式。

说白了，商业模式就是企业靠什么赚钱，进入公司账上的营业收入是怎么来的。对于传统硬件产品来说，商业模式比较局限，如果是智能硬件产品的话，商业模式的空间就能有所拓展。

1. 商业模式

（1）低买高卖

"低买高卖"可以覆盖绝大多数硬件产品的商业模式。所谓"低买高卖"，就是低价买入、高价卖出，赚取其中的差价。"低买高卖"包括以下几种。

- 直接买进品牌成品，加点中间利润卖给下游渠道或者终端用户，赚取其中的差价，这是"代理商、经销商或者终端门店"。

- 直接买进成品，换个品牌 Logo 再加价卖出去，这是贴牌企业的做法，也叫"ODM 模式"。

- 直接买进原材料，给出研发设计方案，请代工厂加工，这是"OEM 模式"。

- 直接买进原材料，或者自制部分原材料，自己加工、生产成品，这是深度打通上下游供应链的"自研模式"。

由此引申出来两个子商业模式——"以租代售"和"主卖耗材"。

"以租代售"的意思是若产品单价比较高，而用户使用的时间相对比较短，直接购买不太划算，那么可以通过租赁的方式来代替销售。这本质上和一次性销售是一样的，无非是把一次性收入拆分成为了多次收入。可能大家有接过租赁电脑公司的推销电话，问你公司要不要租些办公用的电脑，以减少公司初期一次性采购太多办公电脑的成本支出。再比如出国旅游的时候我们会去租一个随身 Wi-Fi，这也是以租代售的模式。

"主卖耗材"的意思是将主产品的毛利率控制得比较低以提升产品竞争力，后续通过持续地销售高毛利的耗材来获得利润。例如剃须刀卖刀片耗材，打印机卖油墨耗材，空气净化器卖滤网耗材等。

如果只是传统的硬件产品，企业在把产品卖给消费者之后，除了处理售后问题之外就和用户失去联系的话，很难再有其他商业模式可以挖掘。如果是智能硬件产品，则还有其他可拓展的商业模式。

（2）提供运营服务

该模式是指企业在购置硬件设备之后，并非转手将硬件卖出，而是通过购买到的硬件搭载出一套可以给用户提供服务的产品，并以此营利的商业模式。这类模式的代表企业有中国移动、中国电信、中国联通三大电信运营商，他们就是通过购买华为、中兴等供应商的基站设备，为终端用户提供通信服务，从而向消费者收取话费作为主要的营业收入。

再比如前几年炒得火热的共享单车，本质上也是类似于电信运营商的商业模式，通过购买单车产品，为用户提供"最后一公里"的骑行服务，按使用时间向用户收费。所以共享单车企业也会自称为"骑行服务运营商"，同理"滴滴出行"也可以自称为"汽车（出行）服务运营商"。

（3）卖完硬件卖软件/服务

说起这个模式，不得不提到把这个模式玩转得炉火纯青的苹果公司了。早在 2001 年，苹果推出 iPod 产品，进入了音乐播放器的市场。如果单看 iPod 本身，并没有太多可圈可点的地方，相比于当时的竞争对手"钻石多媒体"和"Best Data"的数字音乐播放器，iPod 并没有什么特殊之处。但是在 2003 年，苹果放出了一个大招，让苹果的市值快速飙涨。这个大招就是 iTunes。在没有 iTunes 之前，iPod 是可以轻易被竞品替代的，甚至不如竞品。但随着 iTunes 的出现，苹果不仅可以通过卖硬件赚钱，还可以通过卖音乐来赚钱。短短三年内，"iPod+iTunes"的组合给苹果公司带来了将近 100 亿美元的营收，占据苹果公司当时总营收的接近一半。iPod 一举打破了当时音乐产业的格局，在此之前，音乐都是通过一张一张唱片卖的；在此之后，用户可以用 0.99 美元的价格在 iTunes 上购买一首歌，然后下载到自己的 iPod 里。苹果公司通过此举建立起了一个音乐购买和消费的闭环。后来，除了 iTunes 之外，苹果还陆续推出了音乐下载服务 Apple Music、云服务 iCloud、额外保修业务 AppleCare、新闻服务 Apple News、人工智能服务 Siri 等，把软件和服务做到了极致。

再看看特斯拉的案例。特斯拉现已推出了 Model 3、Model S、Model X 和 Model Y 共四款智能电动汽车。用户在购买任意一款车型的时候，最后一步都是让你选配一个"增强版自动辅助驾驶功能"或"完全自动驾驶能力"的驾驶软件包，2022 年 1 月份的价格分别为 32000 元和 64000 元人民币，如图 5-3 和图 5-4 所示。

卖完硬件之后卖软件，硬件上"割"完一遍"韭菜"，软件上再来一遍。硬件产品的边际成本不为零，但售价不断下调；软件产品的边际成本为零，售价却不断上升。

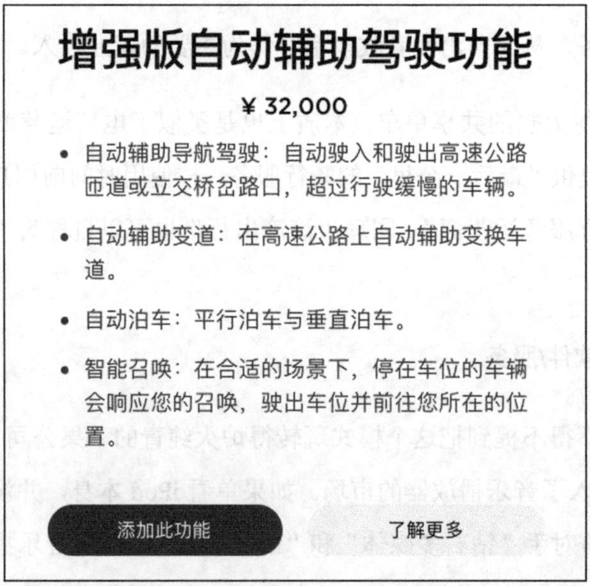

增强版自动辅助驾驶功能

¥ 32,000

- 自动辅助导航驾驶：自动驶入和驶出高速公路匝道或立交桥岔路口，超过行驶缓慢的车辆。

- 自动辅助变道：在高速公路上自动辅助变换车道。

- 自动泊车：平行泊车与垂直泊车。

- 智能召唤：在合适的场景下，停在车位的车辆会响应您的召唤，驶出车位并前往您所在的位置。

添加此功能　　　　　　了解更多

▲图 5-3　售价 32000 元的"增强版自动辅助驾驶功能"软件包

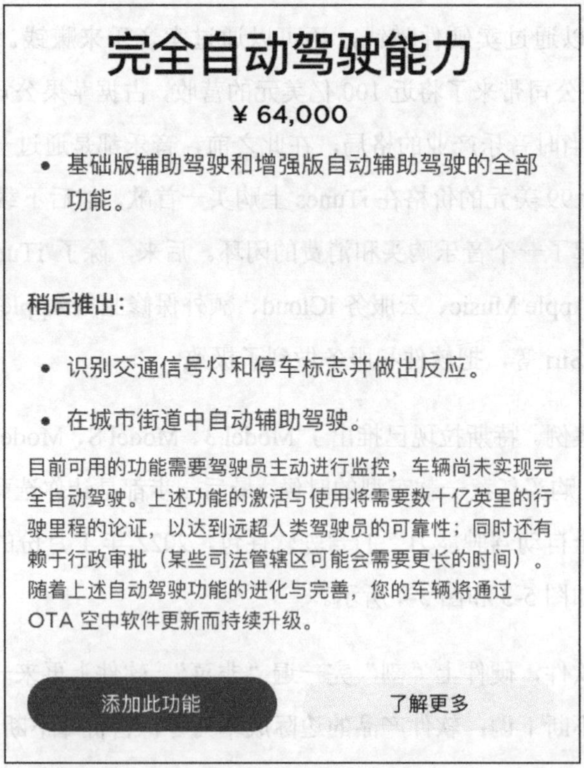

完全自动驾驶能力

¥ 64,000

- 基础版辅助驾驶和增强版自动辅助驾驶的全部功能。

稍后推出：

- 识别交通信号灯和停车标志并做出反应。

- 在城市街道中自动辅助驾驶。

目前可用的功能需要驾驶员主动进行监控，车辆尚未实现完全自动驾驶。上述功能的激活与使用将需要数十亿英里的行驶里程的论证，以达到远超人类驾驶员的可靠性；同时还有赖于行政审批（某些司法管辖区可能会需要更长的时间）。随着上述自动驾驶功能的进化与完善，您的车辆将通过 OTA 空中软件更新而持续升级。

添加此功能　　　　　　了解更多

▲图 5-4　售价 64000 元的"完全自动驾驶能力"软件包

（4）搭建平台

还是拿苹果公司来举例。苹果销售最好的产品是 iPhone 手机，而且 iPhone 聚集了全球消费水平较高的那一群用户，如果在这群用户身上仅仅只赚一遍卖手机的钱就太可惜了。因此在用户达到了一定的规模之后，苹果的 APP Store 就开始大放异彩。APP Store 是苹果公司从 2008 年开始，为其旗下 iPhone、iPod Touch、iPad 以及 Mac 等产品创建和维护的数字化移动应用程序开发平台。类似于 iTunes，用户可以在 APP Store 下载免费或者付费的应用程序。苹果公司一方面笼络了大量高质量用户，另一方面聚集了海量的开发者为用户开发应用程序。

搭建好平台之后，苹果公司就会对开发者收取"苹果税"——只要是在苹果平台上产生的交易（不管是付费下载 APP 还是 APP 内付费的虚拟产品），苹果公司都会抽取 30%的分成。这是对营业收入的抽成，而不是对最后利润的抽成。但开发者也没办法，因为是苹果打造出来了一个完整的商业闭环，提供了一个用户聚集的平台，从而拥有对 APP 应用入场权的管理能力。

另外，想必大家对亚马逊的 Echo 智能音箱也不陌生。2014 年 11 月，亚马逊在官网上线了一款搭载智能语音助手 Alexa 的智能音箱，命名为"Echo"。Echo 的销量出乎意料地火爆，亚马逊后来也推出了一系列其他音箱产品来丰富自身的智能音箱产品线。当音箱销量足够大的时候，"入口效应"就开始凸显，Alexa 自然就变成了一个非常有吸引力的平台。开发者可以在该平台上开发 Skills，类似于在苹果平台上开发 APP。

（5）广告收入

广告这门生意本质上也是低买高卖的生意，只是它买卖的不是具体的产品，而是用户的"注意力"。例如纽约时代广场的户外广告牌，凭借人来人往的庞大人流量，凝聚起来了巨大的"注意力资产"，有了这些汇聚起来的"注意力资产"，就可以拿去售卖给广告主，获取广告收入。

类似的，在众多互联网产品上都有广告的身影，也是因为其拥有足够大规模的用户，积累了"注意力资产"。依靠广告作为主要收入的硬件产品并不多，但智能硬件产品有了 APP 之后，APP 上就存在了通过卖流量来获取广告收入的可能性。

（6）产品即渠道

所谓"产品即渠道"，指的是该产品本身可以成为另一款产品销售的一个渠道。产品怎么还能成为渠道呢？这种模式在智能硬件产品上比较多。比如你买了一个智能空气净化器，净化器工作了一段时间之后，发现你家里的空气太干了，问你要不要买一个加湿器；你买了智能加湿器之后，加湿器发现你加的水水质不行，又问你要不要买一个净水器。以前是"人带货"，现在是"货带货"，卖出去一个产品，可能连带着能卖出去好几个产品，这也是小米公司一直鼓吹的产品即渠道的理念。

2. 商业相关的概念

了解完硬件产品的"商业模式"之后，我们再来了解关于"商业"的一些基本概念。

"商业"的本质是人与人、人与企业、企业与企业之间产生的交易。商业即"交换"，拿自己的某些资源去换别人的某些资源，这个资源可以是产品，也可以是钱，还可以是股权、流量、品牌、权利等。

谈到"交易"，就又产生了一些和交易相关的关键概念：货币、商人、交易成本、商业效率等。

（1）货币：商业的工具媒介

最古老的商业起源于物物交换，但物物交换的效率比较低，因此催生了"一般等价物"作为货币工具。以物易物，需要交易双方所持有的物品，都恰好是对方所需要的，而且恰好是在交易的时候有需要，即我有的东西恰好你在这个时候有需要，你有的东西也是恰好我在这个时候有需要。以物易物虽然可以一步到位，但是刚好都满足双方的需求则需要较大的"巧合"。

货币起到的作用，就是把以物易物拆分成了两个环节，第一步先将物品换成一般等价物（货币），第二步再把货币换成自己想要的另外一个物品。作为一般等价物，人们永远都需要货币，因为可以在任何有需要的时候将货币置换成为所需要的物品。这种拆分看似增加了一步，实际上反而大大提高了商业效率。

（2）商人：商业的人力媒介

商人类似于中介，连接了生产者和消费者，自己不生产也不消费，只是从生产者手上买过来，再转卖给需要的消费者，从而赚取中间差价。自古以来，商人往往无辜地背负着"投机倒把"的骂名。但如果没有这些商人，生产者生产出来的东西，就很难到达需要它的人手中。商人连接了买和卖，提高了商业流转的效率。

"货币"和"商人"都是为了提升商业效率而自然产生的。总结成一句话就是"货币切割了买卖，商人连接了交易"。

（3）交易成本：商业的阻力消除剂

交易成本是交易过程中产生的或显性或隐性的时间和金钱成本，是为了克服交易阻力而付出的代价。交易成本有两种："信息不对称"和"信用不传递"。

信息不对称：在互联网诞生之前的时代，信息流通效率很低。商人 A 从生产者 B 手上拿到了某产品，拿到的成本具体是多少，在消费者 C 面前是不透明的，因此该商人就可以利用这个信息不对称的优势，尽可能大地赚取利润差价。从结果来看，B 和 C 的交易最终确实通过商人的连接而达成了，但却因此付出了更多成本，这个成本流向了中间渠道（商人）的利润。哪怕到了互联网时代，信息传递的效率已经有了极大的提升，许许多多的互联网企业也都在尝试打破信息不对称，但这也只能降低信息不对称带来的交易成本，而无法彻底将其消灭。

因为"信息不对称"而产生的"成本"如下所示。

- 搜寻成本：为了克服信息不对称，在做出购买决策之前，用户需要尽可能地获得更多的信息，因为卖家提供的信息有限，而且用户也不一定相信卖家所宣传的内容。

- 比较成本：用户在线下购买产品时，会货比三家，一家店一家店地跑，就是为了获取足够多的商品信息；用户在线上购物也会货比三家，只是在线上搜寻信息的时间可以大幅度降低。

- 测试成本：线上可以看到购买过这个产品的用户评价，用户会在觉得靠谱了之后才下单购买，而在没有线上电商之前，用户只能买回来亲自使用后才知道产品是好是坏，这是测试成本。

互联网电商，就是因为大大降低了用户的搜寻成本、比较成本和测试成本，充分降低了"信息不对称"带来的交易阻力，才得以迅速发展。

信用不传递：信任会随着距离增大而递减，无法无损地传递下去，即与我关系越远的人，我越难以信任。例如当我们借钱给自己的亲朋好友时，出于信任很容易就借了。但如果要借给朋友 A 的朋友 B，哪怕 A 和你说 B 有多靠谱，隔了一层关系后你终究还是要迟疑很久。对于产品销售来说，渠道的链条越长，渠道成本提高的同时，每个环节也产生了"信用衰减"。

因为"信用不传递"而产生的"成本"如下。

- 协商成本：用户在线下购物，选好了某款产品之后，在付款之前可能会讨价还价一番，总担心别人赚了自己太多钱。对方开价一千，你砍到五百，来回几次之后以八百元成交。

- 付款成本：向对方订购了千万级别的商品，你说先发货过来、验货完再付款，对方说先付款再发货，这就是付款成本。蚂蚁金服的支付宝，最初就是起家于解决付款成本的问题。

我们来看一些知名的企业，是如何来有效地解决"信息不对称"和"信用不传递"的。

- 滴滴打车：以前打车需要在路边盯着拦车，现在只需要在 APP 上点几下就可以，降低了用户的搜寻成本。

- 品牌产品：多花点品牌溢价的钱，可以节约"货比三家"的时间，降低了用户的比较成本。

- 美团点评：一家餐厅好不好，已经有好多人都验证过了，结果都在餐厅的评价上面，降低了用户的测试成本。

- 线上购物：价格更为透明，免去了线下购物讨价还价的过程，降低了用户的协商成本。

- 1688：因为有了第三方做担保支付，买家付款和卖家发货都没有了压力，降低了用户的付款成本。

- 顺丰快递：寄送一个跨越几百上千公里的包裹，只需要几十块钱，放在以前真是想都不敢想，降低了用户的物流成本。

商业的未来发展趋势是"降本提效"。"降本"是降低交易成本，"提效"是提升商业效率。"降本"已经讲完，接下来我们继续讲"提效"。

（4）商业效率：商业的发展动力

提升商业效率，主要靠"连接"，包括线下的连接和线上的连接。

一是线下的连接。现在"新基建"的概念很火，相对应的概念是"旧基建"。"基建"就是基础设施建设，所谓"要想富，先修路"，我国的传统基础设施（公路、高铁等）的建设水平毫无疑问属于全球领先水平，极大地提升了物理世界连接的网络密度。如果没有这些四通八达的网络，顺丰快递、菜鸟裹裹之类的企业也就失去了发展的根基。

二是线上的连接。如果说旧基建是"修桥铺路盖房子"，那么新基建就是"建网铺线盖基站"。新基建提升了虚拟世界连接的网络密度，促进了信息和能量的传递效率。

那么，线下和线上的连接具体是如何提升商业效率的呢？我们知道，交易的过程是通过"信息流""资金流"和"物流"三个"流"来实现的。

- 信息流：不管是线下购物逛门店还是线上购物看产品详情页，这是在获取商品的信息流。

- 资金流：选好商品之后付款，这是完成了资金流。

- 物流：购买完成后，产品从发货地运输到收货地，产品派送完成，这是完成了物流。

因此，线上连接提升了信息流、资金流的效率，线下连接提升了物流的效率。

《我和我的家乡》这部电影里面讲述了一个"回乡之路"的故事。故事的主角乔树林为了帮助家乡致富，开发出了"沙地苹果"这个产品，并一直努力地寻找买家，试图把"沙地苹果"销售出去。然而因为身处的沙漠地区"道路不通""信息不畅"，沙地苹果的销售一直都没有什么起色。直到后来家乡开始建设完善道路，并且意外地遇见了网络主播闫飞燕，在"路通网通"之后，"沙地苹果"终于能方便地运出去了，产品的信息也终于能快速地触达到广大的用户了，最后主角终于实现了帮助家乡致富的梦想。这个故事非常形象地说明了"连接"是如何提高商业效率的。

第6章 硬件产品工作

6.1 入职前的求职准备

硬件产品经理的招聘对于专业背景的要求不会特别严格，不过拥有"电子类"和"计算机类"专业背景的应聘者还是相对会有一些优势。这是一个门槛不高、但是上限很高的岗位，入门相对容易，但是要做到优秀就很难。

中小企业的实力比较有限，更加愿意通过社会招聘直接招到有成熟工作经验的产品经理，以便他们一入职就能投入工作并创造价值。一般只有规模大一些的企业，才会比较愿意招聘应届毕业生，将其作为种子选手来慢慢培养。

如果你是考虑转岗的话，从 ID 设计师、硬件工程师、结构工程师、项目经理转为硬件产品经理是比较常见的，其他岗位，例如从软件研发、销售转岗过来的也有，但因为跨度比较大，所以难度会比较高。

不管是应届毕业生通过校招第一次应聘硬件产品经理，还是通过社招第一次转岗成为硬件产品经理，求职时所需要注意的事项都是类似的。

下面将从"求职者"和"招聘者"两个视角来看待求职硬件产品经理这件事情。

6.1.1　求职者角色

求职硬件产品经理大约需要"明确公司画像、锁定目标企业、分析岗位需求、撰写简历、梳理个人优势、投递简历"六个步骤。这是一个比较完整的过程，可以按需选用。下面对这些过程逐一展开介绍。

1. 明确公司画像

求职者在动笔开始写简历之前，心里就要有个一个大概的"公司画像"。"公司画像"好比"用户画像"，你自己和你的简历就好比是一个"产品"。考虑产品要面向什么样的用户，就好比考虑你自己要面向什么样的公司。

"公司画像"可以从三个维度来考虑：行业赛道、公司规模和公司类型。

首先考虑行业赛道。不同行业赛道所做的产品品类、行业成长性和行业特点都各不相同，可以结合个人兴趣来选择。例如"跨境电商"行业做的也是硬件产品，但面向的用户群体主要是美国亚马逊用户，需要对亚马逊电商平台的运营规则、美国的用户群体有比较深入的了解。跨境电商类企业大多是运营第一、产品第二，在公司做大做强之后产品的重要性才逐渐提升。

"智能硬件"行业是近几年流行起来的科技概念，通过软硬件结合的方式，对传统设备进行改造，从而让产品获得智能化的能力，让企业和用户也得以通过产品产生连接。智能化之后的设备具备了更多的玩法，构建了"云+端"的架构，因而也具备了用户运营、内容运营、大数据等附加价值。

智能硬件行业可以细分为消费电子、智能家居、智能交通、智能医疗、智能工业等。各细分行业所做的硬件产品列举如下。

- 消费电子：手机（小米、OPPO 等）、平板电脑（华为、联想等）、可穿戴设备（华米、乐心等）、学习硬件（小天才、步步高等）、网络设备（TP-LINK、腾达等）。

- 智能家居：厨卫家电（美的、格力等）、安保系统（海康、大华等）、娱乐系统（悠达、如歌等）。

- 智能交通：智能电动车（蔚来、小鹏等）、智能自行车（骑记等）、智能车载设备（百路达、车萝卜等）。

- 智能医疗：肝硬化检测仪、智能血糖仪、胎心仪等。

- 智能工业：工业机器人、自动化设备、3D 打印机等。

智能硬件属于硬件产品下的一个子类，目前业界没有统一的定义，但从归类上来看，可以把市面上存在的智能硬件产品分为以下四类。

- 噱头型：和智能基本无关，属于蹭流量的。

- 联网型：产品能够联网，并开发了配套的 APP，当前市面上看到的智能硬件产品大多属于此类。

- 弱 AI 型：应用语音 AI、视觉 AI 技术的硬件产品，如智能音箱、智能门禁等。

- 强 AI 型：搭载强 AI 能力的产品，如自动驾驶汽车。

行业赛道有很多，求职者可以都大概了解一下，优先考虑处于上升趋势的主流赛道，并结合自己的兴趣来做出最终的选择。

其次考虑公司规模。公司的规模可以按照公司人数进行"简单粗暴"的划分，如表 6-1 所示。

表 6-1　按照公司人数区分公司规模

公司人数	所属规模
100 人以下	小型公司
100～500 人	中小型公司
500～1000 人	中大型公司
1000～10000 人	大型公司
10000 人以上	超大型公司

一般来讲，不同公司规模的硬件产品经理在工作内容、制度建设、环境氛围方面的体验都会有所不同。拿小型公司（如初创企业）和超大型公司（如华为，员工人数约 20 万）来举例

说明。小型公司基本上没有成体系的流程与制度建设，产品经理的职责范围也比较广，常常一个产品经理要兼顾多个岗位的工作，比如兼顾项目经理、商务甚至销售的工作。对于类似华为的超大型公司来讲，产品经理的全部职能会被切分为几个岗位，如面向规划的产品经理、面向研发实现的产品经理和面向市场的产品经理。其他规模的公司则介于这两者之间。不是说大公司就一定好，小公司就一定不好，而是两类公司各有优劣。小公司"野路子"比较多，工作任务挑战性强，涉及的工作范围更广；大公司有成熟的工作流程和方法论，但工作内容可能偏"螺丝钉"化。具体怎么选择就看个人的兴趣，以及自己如何取舍了。

最后考虑公司类型。硬件产品类企业国企很少，外资企业其次（如松下、飞利浦、西门子等），大多数还是国内的民营企业。

2. 锁定目标企业

在确认好目标公司画像之后，就可以开始寻找符合画像的具体企业了。在 BOSS 直聘、猎聘等招聘平台上都可以看到招聘岗位对应公司的基本情况，再加上通过搜索引擎获得的信息，基本就足够了。

3. 分析岗位需求

锁定好目标企业之后，需要仔细阅读招聘岗位的岗位职责和岗位要求，这些内容大多会根据公司业务的实际情况和内部岗位的能力模型要求来仔细编写，举例如下。

岗位名称：硬件产品经理

岗位职责：

（1）基于市场分析、技术动态和用户研究，发现市场机会并负责产品规划和产品定义的输出工作。

（2）跟踪竞争对手的动态和产品的用户反馈，对产品保持持续竞争力负责。

（3）跟进包括 ID、研发、供应链管理等的产品实现过程，关注项目关键节点，把控产品实现质量，确保产品实现符合产品定义，对商业结果和用户口碑负责。

（4）挖掘产品的核心卖点，参与产品的 GTM 过程，协助制定产品定价、营销和渠道等策略。

（5）对产品进行全生命周期的跟踪和管理，以市场和用户数据反馈制定产品升级或退出方案，保证产品组合的持续竞争力。

岗位要求：

（1）本科以上学历，有 3 年以上的硬件产品经理工作经验。

（2）优秀的产品理解和产品规划能力，具备产品思维、数据思维、逻辑思维和决策能力。

（3）具备专业的市场洞察、行业分析、消费者研究、产品规划和产品管理能力。

（4）具备电子、结构、ID 设计、供应链管理等与硬件产品相关的基础知识储备。

（5）熟悉硬件产品的产品规划、产品定义、开发、生产、品控等流程，以及各环节的把控要点。

（6）有强烈的自我驱动、承担责任、沟通协调、系统化思考和解决实际问题的意识和能力。

从上面的招聘内容中可以提取出一些关键的产品岗位职责：以产品规划、产品定义、竞品分析、项目跟进、产品生命周期管理为主要要求，以产品定价、产品营销、产品渠道为辅助要求。从岗位要求中可以提取出来一些关键的硬性要求，如本科学历、三年经验及相关知识储备；以及一些软性要求，如产品思维、数据思维、逻辑思维等。

提取出这些能力点之后，就可以对照自己的能力项来评估自己和岗位的匹配程度。在编写简历的时候可以针对性地突出所要求的重点；在突出重点的时候，可以使用对应的关键词（方便被检索），以及适当地搭配一些例证。

4. 撰写简历

从撰写简历开始，求职者就进入了自我展示的过程。无论简历、初面、复试、终面，都是充分展示自己和目标岗位所匹配的能力点的过程，要让面试官能看到自己的特点、优势和匹配度。

简历是面试的前置环节，也是进入一家企业的敲门砖。HR 或者面试官一天会看很多份简历，因此他们看每份简历所花的时间不会很多。面试经验越丰富的面试官，看简历的时间会越短，短到可能就在 10 秒之内。可能你会觉得："凭什么呀，我花了几小时写的简历，为啥 10 秒就给打发了，太不尊重人了吧。"其实不是的，而是面试官看简历的时候会快速地剔除不合适的简历，当看到不匹配的简历时就会迅速将其淘汰。比如点开一份简历，如果第一行就写着"大专学历"，而岗位要求的是本科或者硕士学历，那么这份简历下面的内容就不再看了，这份简历就只花了一两秒的时间。碰到合适的简历，面试官还是会仔细看的，特别是在临面试前的时候。

总归来说，简历作为第一次与企业方交互的界面，至少要做到看起来"舒服"。首先，整体的布局不要太紧，记得留白，但也不要写成一页零几行。其次，注意行间距，如果因为工作时间比较长，经历比较多，写到两页也是完全可以的，不是一定要挤在一页之内。然后，文字颜色简单一些，不要花里胡哨，除了头像之外其他的内容使用黑色就可以了。最后，要重点突出，或者可以在简历中埋下一些伏笔，作为面试过程中择机发挥的"包袱"。

我相信大多数求职者都是使用一份标准化的简历应聘多家公司。但如果你是按照上面的思路，先确认了企业画像再锁定了目标公司，那么这几家公司大概率都是你非常想去的，也会比较符合你未来长期的职业发展方向。既然如此，在简历环节多投入些时间是值得的，可以针对每家企业的具体情况和你对该岗位的能力拆解，去调整你的简历。

5．梳理个人优势

对于应届毕业生来说，可能会觉得以前没有工作过，没有太多经验能够匹配到我拆解出来的能力项。其实不是的，在大学期间可以找实习工作，有实习经验的人能提前接触到职场，在求职的时候就领先别人一步。如果实习的经历恰好和产品相关那当然最好，如果不相关也可以从中提取相关的部分来写。比如你在某硬件企业做的并非与产品经理相关的实习工作，但是你可以站在产品经理的角度，去分析实习企业的产品的用户画像、产品定位、行业情况、竞品分析等，你想要多做一些工作是没人会拦住的。如果作为应届毕业生能够在这些方面讲得头头是道，那面试想要不通过都难。

举个例子，笔者曾经面试过一个应届毕业生，给我留下了深刻的印象。候选人的实习工作岗位其实平平无奇，是一家汽车 4S 店的客服。但是候选人在面试产品经理岗位的时候，在现场表达的过程中，虽然身处客服岗位，但是融入了非常多的产品经理思维，具体如下。

（1）在接听客户电话的时候，把客户提到的关于汽车这个产品的反馈问题详细记录下来，并做好"需求分类"，然后反馈回公司。

（2）在工作过程中，关注并梳理该公司的所有产品线，表达了对公司产品线规划的理解和看法。

（3）接待客户时，倾听客户的想法，把这些声音和公司内部员工的想法进行对比，培养自己区别于企业视角的用户视角。

（4）研究竞品汽车品牌，为所负责的几个汽车产品撰写竞品分析报告，分析内容包括产品参数、试驾体验、市场表现等。

候选人在面试表达中，展现出了清晰的逻辑思维和流畅的沟通表达能力。且不说这些事情是当时真的就做了还是事后"补课"的，单论其作为一名应届毕业生而言，已经展现出了对于产品经理岗位和职责的理解。候选人在面试过程中讲到了"需求分类""产品规划""用户视角""竞品分析"等关键词，虽然表达得不够深入，但相比于其他应届毕业生讲的学生会经验、学校项目参赛经验等，已经非常有亮点了。此外，在这些工作内容中，只有接听电话是其本职工作，其他都是工作职责之外的，这也体现出其在工作上的积极主动性。

6. 投递简历

简历准备好之后，就可以开始投递简历了。但建议不要一口气全部都投完，可以分批来投。假如你之前在"锁定目标企业"环节确定下来九家公司，那么可以试着把这九家公司分为三组，每组三个公司。其中第二组是你觉得最符合预期的三家，是比较想进去而且通过努力应该能实现的。那么稍微差一些的归入第一组，不算很符合预期。更好的三家放入第三组，属于超出预期的，但是难度又更大。

找工作并非一个高频事件，不管是校招还是社招。有些人虽然工作很多年了，但上一次面试还是在大学刚毕业的时候，需要找一找面试的感觉才能回到最好的状态。所以第一批可以先投第一组的企业，初战"试水"找找感觉，毕竟第一组的企业不算最符合预期，哪怕失败了也关系不大。在经过对第一组的三家企业的试水之后，应该就能调整到最佳面试状态，这时候可以投递第二组的企业，这些企业的岗位机会是最应该拿下的。拿下之后心态就变得非常轻松了，这时候就可以挑战第三组的企业了，即便没成功也没关系，因为本来就预想到会比较难，如果成功了那自然更好。当然上述的分三组、每组三家企业都只是举例说明，具体如何分组、每组多少数量就因人而异了。

6.1.2　招聘者角色

笔者面试过的人数有上百人，看过的简历甚至在几千份以上，因此对招聘者角色比较熟悉。招聘者角色的内容和求职者角色的类似，但是所站的视角不同。了解面试官的视角，对于求职心态的稳定和求职成功率的提升都有很大的帮助。那么，面试官是怎么看待面试这件事情的呢？

1. 信息交换

首先，面试是一次"信息交换"的过程。我们经常把面试叫作求职，好像是去"求"得一个职位一样。但事实上，找工作是双方非常平等的一个过程，本质上就是双方做了一次信息交换，如果信息匹配那么就"成交"。企业在有招聘需求时，先在内部拟定好岗位画像，再基于岗位画像编写职位描述（Job Description，JD）并发布到各个招聘平台上，然后主动或者被动地与感兴趣的候选人取得联系。

企业在与候选人取得联系之后邀约进行面试，面试时间不仅要考虑到面试官的时间，更要考虑到候选人的时间便利性。毕竟如果是当面面试，候选人需要花费更多的时间成本到公司里来。稍有规模的企业，面试流程会比较成熟，通常采用"结构化面试"的方法。

所谓"结构化面试"就是基于岗位画像，遵循固定的程序，采用专门的题库、评价标准和方法，通过线上或者线下面对面交流的方式，评价候选人是否符合岗位需求。

这也就对应到了 6.1.1 小节"求职者角色"中的能力拆解环节。如果求职者对于招聘需求中所需的能力拆解到位，那么基本上对于结构化面试中的题库也能轻松应对了，面试前的准备工作就能更加有的放矢。

那么，面试官在面试过程中，需要获得什么样的信息呢？

第一是"外在形象"。这是第一眼见到、还未开口的时候便能获取到的信息。对于形象的要求当然不会写在岗位要求中，但因为产品经理需要与公司内外部的相关人员进行高频率、广泛的沟通，所以良好的外在形象对于产品工作的推动会有一定帮助。

第二是"逻辑思维和沟通表达能力"，这一点贯穿在整个面试过程中。是否能逻辑清晰地回答每一个问题，体现出来的是逻辑思维的能力；是否能清晰有效地表达自己的观点，体现出来的是沟通表达的能力。

第三是"岗位匹配度"。有些面试官会按照结构化面试的"问题清单"一个个地问下来，从候选人的回答中提取能够匹配到岗位的有效信息。也有些面试官对于面试已经驾轻就熟，想到哪儿就问到哪儿，甚至能够随意地制造轻松或者有压力的氛围。

对于面试官关注的 3 个信息点，第一个可以从衣着方面多加注意，至少保证整洁干练。毕竟多数人没兴趣从一个人邋遢的外表下，去挖掘他有趣的灵魂。第二个逻辑思维和沟通表达能力，这是应聘者软实力的体现，有赖于长期训练，短时间内比较难以速成提高。第三个岗位匹配度的信息，在有准备和没准备两种情况下进行的面试，其效果差别很大，有可能候选人本身的匹配度确实较高，但因为对于岗位要求的理解不够，所表达出来的信息大多不是面试官心中的"有效信息"，因此也会被判定为匹配度不高从而错失机会。一个人的能力项可能会有很多，在短短的面试交流过程中，还是要尽可能地去展现匹配度高的一面。而展现得好不好，和岗位拆解的功课做得到不到位也有关系。

因为面试是一次信息交换的过程，在面试的最后阶段，面试官会很愿意留出一小部分时间进行"权利反转"，让候选人提一些问题。整个面试下来，候选人碰到的面试官一般会有三类：业务面试官、人事面试官、高层面试官。业务面试官主要考察的是业务能力（产品经理的岗位职能所需的工作能力），人事面试官主要关注的是人事方面的问题，高层面试官则兼而有之，综合考察。在提问环节，尽量不要说没有什么问题，也不要问"觉得我的表现怎么样""什么时候有结果"这种比较无聊的问题。基于信息交换的目的，可以问些有助于你判断未来是否愿意入职该公司的信息，例如可以向业务面试官提问产品或业务的信息、向人事面试官提问人事方面的信息、向高层面试官提问公司发展方向之类的信息，这些信息有助于你后面判断是否接受 offer。如果你已经确定这次的面试一定通不过了，而且你也比较认可当前的面试官，那么也可以趁此机会向面试官请教一下，自己的表现有哪些不足，是否可以给些建议。因为这种建议相对来说还是比较难得的，你可以吸收这些建议中有效的部分，再去挑战下一个面试。

2. 常见禁忌

有的面试官的思路是这样的：先假定候选人不匹配，然后在沟通过程中不断寻找有效的匹配信息，直到找够数量了就判定为"通过"。有的面试官的思路则恰好相反：先假定候选人匹配，然后在沟通过程中找到足够多不匹配的点就判定为"淘汰"。不管是哪种思路，有些表现都是比较容易让面试官"下决心淘汰"的，因此面试者应该尽可能地避免出现此类问题。

（1）简历太随意。简历如果连一页都没有写满，或者从视觉上就让人感觉没用心写，基本是没有看的必要的。简历这么重要的"产品"都不用心做，如何做好其他产品呢？

（2）面试迟到。时间上不守约，虽然不至于立即判定淘汰，但也大大地降低了第一印象分。

（3）自我介绍太短。面试官的第一个问题大多是让面试者自我介绍。有时候面试官是刚从另一个会议结束后赶过来，趁着你介绍的过程抓紧时间看看简历、捋捋思路。没想到你十秒就讲完了，这时候还没来得及想好下一个问题呢。

（4）自我介绍太长。面试官让候选人做自我介绍既是作为面试的启动问题，也是为了了解候选人的大致情况，结果面试者洋洋洒洒地十几分钟讲下来，听得很累。因此，自我介绍控制在三分钟左右为宜。

（5）面试过程太紧张。面试官会认为，连面试都这么紧张，以后各种当众汇报、演讲怎么搞得定。

（6）表达内容没有逻辑。逻辑清晰是对产品经理的基本要求。如果你回答问题都讲不清楚，以后如何讲清楚产品？

（7）"挤牙膏"式回答问题。对于面试官所提的问题，回答都非常简短，就像挤牙膏一样，问一点挤一点。这既没有给对方提供足够多的信息，也让面试官的题库提前耗尽，加快了面试的结束。

（8）小动作太多。面试过程中抖腿、转笔、敲桌子、扭来扭去……过多的小动作既影响面试效果，也容易给面试官留下不良印象。

（9）频繁反问。还没到权利反转环节，太着急问面试官问题也不好。

（10）问无聊的问题。比如问"你觉得我有多大概率可以通过""什么时候会有结果"，或者问本该由候选人自己回答的问题，如"你觉得什么样的产品经理是好的产品经理""你觉得我哪些方面比较匹配这个岗位"等。

6.2　入职后的工作方法

硬件产品经理和其他专业岗的工作方式有点不太一样，如果从宏观角度来看产品经理的主要工作是产品规划、产品定义等内容，那么从微观角度来看，产品经理干的活，主要是查资料、做调研、写文档、打电话、开会议、写邮件这些事情。和程序员的主要工作写代码不同，产品经理的微观工作围绕着"调研"和"沟通"两个方面来展开，"调研"是为了"输入信息"，"沟通"是为了"输出信息"。调研的方法在第 2 章中已经有了详细的描述；沟通能力对于产品经理也很重要，因为产品经理虽然可以通过自己的一系列调研和分析来发现市场机会、定义出产品和需求，但产品经理的最终成果——产品，需要借助他人之手来生产，所以经常需要把需求传递清楚、说服他人。沟通能力是一项需要长期积累的软技能，很难在短短的篇幅内讲清楚，市面上也有很多图书单独讲这方面的内容，这里推荐一本很好的书：脱不花编写的《沟通的方法》。除此之外，因为产品经理通常不止负责一个产品项目，有时候会同时运作几个甚至十几个项目，这对产品经理管理并行任务的能力也提出了要求。

下面分享一些工作中关于"任务管理"和"职场写作"的小技巧。

6.2.1　任务管理

对于产品经理来说，工作中事情多且杂是很正常的。如果没有良好的工作习惯和方法，很容易在工作中丢三落四，做了这件事忘了那件事，按下葫芦起了瓢，影响最终的工作成果。我们可以通过两个工具来梳理工作任务，既能不遗漏工作，又能极大地提升工作效率。这两个工具分别是"任务清单"和"工作周报"。

1. 任务清单

你在工作中可能会有这样的感觉，好像忘记了一件什么特别重要的事情，但就是想不起来。直到有一天老板突然提及才想起来，但是你的脑子也一下子就蒙了，因为这时候什么都还没开始做呢。或许你还会有这样的感觉，日常发呆、乘电梯的时候突然想到一个绝妙的想法，但因为没有及时记下来，后面拼命回想也想不起来，感觉非常郁闷。

遗忘是大脑的天性，这是一种正常的表现。如果大脑时刻都需要分配算力到记住"还有什么事情要做"这种事情上，那用来真正思考问题的算力就少很多了。著名的时间管理人戴维·艾伦在他的著作《尽管去做》中提出了一个"移动硬盘"式的时间管理方法"GTD"（Geting Things Done）。"GTD"可以帮助人们把所有的待办事项转移到任务清单中，从而让大脑专门用来思考，而不是记事。任务清单的功能可以用 APP 来承载，这方面做得比较好的应用软件有"印象笔记""滴答清单""极简清单"等。这类应用工具可以实现"GTD"的三个步骤。第一步，收集。这些工具可以提供一个"收集篮"的功能，存储从大脑里清除出来的待办事项。第二步，处理。当你的"收集篮"里已经有了一些待办事项之后，你可以一眼遍历所有的工作事项，并且可以看到每个任务的优先级，从而决定先做什么、后做什么，这样能够确保自己一直都在做优先级最高的事情，而且不用担心会有遗漏。第三步，回顾。每周查看还未完成的任务、已经完成的任务，回顾总结、温故而知新。

2. 工作周报

有的公司会要求员工每周提交"工作周报"以进行工作汇报，但即便公司没有要求，也建议大家养成写工作周报的习惯，哪怕只是给自己看。工作周报除了能达到"GTD"的目的外，还可以记录历史工作进展和下一步计划，让自己的工作变得条理清晰、有迹可循。

工作周报可以用 Excel 来记录，内容包括"项目""事项""进展记录""下一步计划""备注"等板块，也可以根据实际情况调整。

（1）**项目**：手上正在进行的所有的工作项目。

（2）**事项**：每个项目所拆解出来的若干个子事项。

（3）**进展记录**：把每周的进展记录在表格内，并且标注好进展发生的日期，方便以后回溯和总结，在未来做项目复盘、年终总结的时候，这个进展记录就会起到大作用。

（4）**下一步计划**：下一步要做的事情及计划的完成时间。

（5）**备注**：额外记录的任何想记录的信息。

这一份表格梳理下来，手上有哪些项目、每个项目有哪些任务、进展如何、下一步如何开展，就全都一目了然了。不仅可以让自己对项目全局了然于胸，也方便阅读周报的人了解你的工作全貌。

6.2.2　职场写作

硬件产品经理在工作时，与他人沟通占据了大部分的时间。常见的沟通方式有"语言"和"文字"两种。在公司内部的以文字表达为主的沟通方式可以统称为"职场写作"。"职场写作"按照不同内容类型又可以划分为年终总结、进展汇报、调查报告、请示、批复、项目计划等。

（1）**年终总结**：年终总结不是流水账，而是要呈现出工作成果，但也不仅仅只是呈现成果。对于已有的工作成果，作为阅读者的领导多多少少会知道一些，除此之外领导还会希望能看到更多不一样的东西。比如领导希望从中看到你的分析能力，即从差异化的工作内容中抽象总结出来一般性的规律；也希望你作为对产品最了解的人，从一线的角度提出对公司未来发展规划有帮助和启发的建议。所以年终总结不仅是回顾，更是从过去推导出未来的行动路线。

（2）**进展汇报**：类似于工作周报，不管领导有没有要求，都可以时不时地总结近期的工作进展汇报给领导。就好比一颗卫星被发射出去之后，会时不时地给地面站发送信息，告诉地面站的人"我还在正常地工作"。进展汇报可以把一些关键问题、阶段性成果、重要结论及时呈现给领导，一些重要的邮件也可以抄送给领导。

（3）**调查报告**：调查报告对于产品经理来说是常见的职场写作内容。对于调查报告最重要的是保持客观的立场，多强调客观数据和事实，以及基于数据思维得到的结论，而非"我认为"或者"我觉得"。俗话说"我不要你觉得，我要数据觉得"，要实事求是。

（4）**请示**：请示问题的时候不要直接把问题给抛出去，比如说"现在项目中碰到了某某问题，请领导指示"之类的。给"问答题"是最差劲的做法，相当于自己没有经过任何思考就直接"甩锅"。好一点的做法是给"判断题"，发现问题之后，你提出一个解决办法，询问对方是否认可或同意。更好一点的做法是给"选择题"，针对某一个问题给出 A、B、C 等多种解决方案，附上你对每个解决方案的思考及每个方案各自的优劣，并提出你的选择建议。

（5）**批复**：对于别人发过来的请示，回复的时候一定要意见明确，行就行、不行就不行，不要模棱两可。

（6）**项目计划**：项目计划要重视计划的可交付性，突出目标和关键结果。要将大目标再拆解为小目标，并用关键结果来衡量各级目标是否完成。这在 3.4 节"项目管理"中已经有了详细的描述。

下面介绍两种职场写作的方法：金字塔思维和 MECE 法则。

1. 金字塔思维

不管是哪种写作内容，都可以善用金字塔思维。金字塔思维是一种结构化思维，是将知识或者信息从无序转变为有序的一个过程。金字塔思维之所以叫作"金字塔"，就是因为思维的结构和金字塔的形状类似，是一个自上而下、先总后分的思考框架，先看问题的关键点、结论，然后再往下拆解、分析，而不是一堆杂乱无章的信息集合。

从上到下看，最顶端的是"总论点"，每向下一层就继续拆解为若干个维度（维度不要太多，三个左右为宜），每个维度又可以继续向下拆解为若干个维度，这是纵向的关系。横向也需要是结构化的，即相互独立、完全穷尽，这就可以参考"MECE 法则"。

2. MECE 法则

MECE 法则是麦肯锡咨询顾问芭芭拉·明托在《金字塔原理》一书中提出来的一个思考工具，英文全称是 Mutually Exclusive Collectively Exhaustive，意思是"相互独立、完全穷尽"，也可以理解为"不重叠、不遗漏"。

例如在做用户画像的时候，如果把所有用户群体划分为"男性、中年女性、小孩"，那么就是不符合 MECE 法则的，因为小孩中也有男性，产生了重叠；在女性维度又没有包括老年女性，产生了遗漏。

MECE 法则是一种简单但实用的思考方式，许多知名的市场分析工具其实也都是建立在MECE 法则之上的。常见的使用 MECE 法则的分析方法如下所示。

- PEST 分析：从政治（Politics）、经济（Economy）、社会（Social）和技术（Technology）四个方面进行分析。

- SWOT 分析：从内部的优势（Strength）和劣势（Weakness），以及外部的机会（Opportunity）和威胁（Threat）四个方面进行分析。

- 波特五力模型：从购买者讨价还价的能力、供应商讨价还价的能力、潜在竞争者的竞争能力、替代品的替代能力、业内竞争者的竞争能力五个方面进行分析。

- 波士顿矩阵：从问题产品、明星产品、瘦狗产品、金牛产品四个方面进行分析。

在实际工作中运用 MECE 法则的时候，要基于不同的出发点来寻找不同的分解方式。如果是分析项目进度，那么就按照时间逻辑的过程阶段来分解。如果是分析产品成本，那就按照涉及产品成本的所有方面来分解。如果是分析用户画像，就按照性别、年龄、学历、职业、收入等维度来分解。如果涉及多层分解，那么层与层之间，不要发生混淆。

金字塔是一纵，MECE 是一横，纵横有序，逻辑自然清晰，写出来的内容才能令人满意。

6.3 持续精进

6.3.1 产品体感

在"T 型"人才模型中，产品经理是属于"一横"很长的通才型选手。要规划好一款产品，需要产品经理既有足够高的认知水平，又有足够广的认知视野，因此产品经理需要做到广泛地输入知识。这里推荐三个广泛输入知识的方法以供参考：多看产品、多读书籍和多提升认知。

1. 多看产品

京东和天猫是国内主流的电商平台，亚马逊是海外主流的电商平台。产品经理可以在这三个平台上找到与硬件产品相关的类目（如图 6-1 所示），把每个品类下的热销产品都"刷"一遍。所谓"刷"就是快速地阅读产品的关键信息，包括产品详情页、售价、评价、问答等，无须全部精读（对于重点产品可以选择性地精读），因为可阅读的产品很多，全部精读的话时间不够。平时有空的时候，就打开这几个网站看一看，如果硬件品类的看完了，也可以再去看看其他的非硬件品类。所谓"熟读唐诗三百首，不会作诗也会吟"，产品看得多了，对于产品的感觉也自然会有所提升。

如果是在亚马逊平台，你可以在"BSR"（Best Sellers Rank，销售排行榜）中去找品类和产品。在亚马逊平台任意产品的 Listing 页面中，下滑至图 6-2 所示的位置，即可找到该产品的排名情况，单击图中的红框部分，即可进入该品类的"BSR"页面。

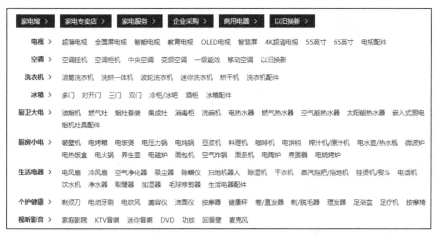

▲图 6-1 京东平台上的"家用电器"品类

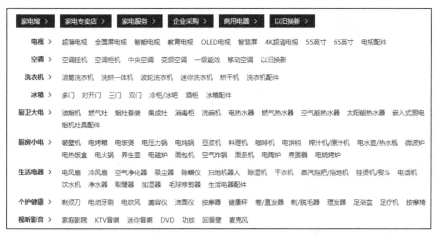

▲图 6-2 亚马逊 Listing 页面

2. 多读书籍

市面上关于硬件产品的书籍很少，其中《小米生态链战地笔记》这本书值得精读；关于互联网产品的书籍中，俞军的《俞军产品方法论》值得精读；其他与产品相关的书籍，毕竟在方法论方面和硬件产品是有差异的，可以快速地通读一些，择优借鉴一些产品思维。

3. 多提升认知

作为硬件产品经理，除了要储备产品领域的知识，还可以尝试去涉猎更多领域的知识。在投资领域里有这样一句话：你在投资中长期所获得报酬的多少，取决于你对这个世界认知水平的高低。我认为这句话放到产品领域中也是合适的——你能做出什么级别的产品，也取决于你对这个世界的认知水平。

关于提升认知，推荐一个很好的学习平台——得到 APP。得到 APP 于 2016 年面世，平台上提供的知识服务产品包括课程、电子书、每天听本书、得到锦囊、训练营、得到高研院等。其中课程类产品又涵盖金融、商业、心理学、历史、文学、医学、法律、经济学、艺术、科技、职场、家庭亲子、自然科学、管理学等众多领域。对于对这个世界充满好奇心的产品经理而言，这实在是一个极其丰富的知识粮仓。

多看产品、多读书籍、多提升认知，这三个方法写在本书中可能就寥寥几百字，却是一个需要花费漫长时间去慢慢积累的过程，甚至是一件没有尽头的事情。掌握方法和工具很简单，难就难在坚持。一万小时的刻意练习计划，从现在就开始吧！

6.3.2　产品拆解

我相信对于大部分产品经理来说，真正沉下心来深入分析的产品，都是自己工作中经手过的产品。哪怕是同一个公司、甚至是隔壁同事的产品，也未必熟悉。虽然可能光做自己手头上的产品就已经很忙了，但我还是希望读者能够在工作之余，从自己感兴趣的或者身边的产品入手，把它当作自己需要规划的新品来进行分析，甚至输出报告。

如果你已经有了一套完整的产品方法论，那么非常好，你可以按照自己最习惯且实践后最有效的方式来进行产品的拆解分析。如果还没有或者不知道怎么入手，那么可以按照本书推荐的方法来进行尝试，在熟练之后还可以自己迭代出更优的方法。在分析完几个乃至几十个产品之后，相信你对于这一套方法论，或者你总结出来的更高级的方法，就已经能够融会贯通了，并培养出来了非常难得的产品直觉。这种情况下得到的产品直觉是非常具有竞争力的，因为这不是靠天赋，而是通过时间和大量的实践凝结而成，后来者无法轻易赶超。

下面结合本书讲过的内容，挑选小家电行业的摩飞品牌及其产品进行综合分析，作为一次实战演练。摩飞是在看似非常红海的小家电领域中脱颖而出的一个新兴品牌，类似的企业还有小熊电器。但小熊电器成立的时间比较长，摩飞相对来说更加"新鲜"一些。

1. 行业分析：小家电行业

众所周知，2020 年全球遭遇了罕见的"新冠疫情"，在长时间的隔离环境下，众多消费者的生活方式发生了变化，长期的居家生活刺激了小家电产品线上销量的快速增长，在 2020 年迎来了一波小风口。

从行业报告中我们可以获得以下数据和观点（如何获取行业报告，详见第 2 章的内容）。

（1）2019 年我国网上商品和服务零售总额为 10.6 万亿元，同比增长 18%。

（2）2019 年小家电销售量中线上占比达到了 74%，2020 年上半年受到疫情"宅经济"的影响，线上销售的占比进一步提升，达到了惊人的 83%。

（3）2020 年第一季度，厨房小家电的总体销售额为 139 亿元，同比增长 15.8%。

（4）我国一二线城市的小家电人均保有量为 9.5 个，远低于澳大利亚的 27 个、美国的 35 个。

（5）在整个小家电行业中，根据品类销售额占整个行业比重的情况，可以把所有小家电产品划分为大单品、中单品，以及小单品。其中大单品为比重大于 5% 的品类，小单品为比重小于 1% 的品类，中单品介于这两者之间。其中大单品的典型代表为电饭煲、电吹风、电热水壶、剃须刀等，中单品的典型代表为电烤箱、电磁炉、微波炉等，小单品的典型代表为除螨仪、除湿机等。

（6）小家电行业有着比较明显的增长前景（如图 6-3 所示），年轻一代的消费者愿意为了提升生活品质购买非刚需性质的小家电产品（大家电，如冰箱、空调、洗衣机等产品的刚需属性相对更强一些），且其需求逐渐多元化、个性化，同时电商渠道给新兴品类提供了更大的培育空间。

广东佛山顺德是小家电行业的生产基地，因为地理上靠近我国香港地区，加上历史上有轻工业的底子，改革开放后引入了许多来自香港的电器技术。当时顺德也很少有国营企业，给民营企业留下了巨大的发展空间。2001 年，中国加入了世界贸易组织（WTO），在这之后一批家电厂商开始承接了外资企业的小家电代工订单。之后顺德众多小家电企业开始蓬勃发展，部分企业也从代工走向了自主品牌之路。所谓"中国家电看广东，广东家电看顺德"，2006 年顺德被授予"中国家电之都"的称号，此后顺德充分利用此区域品牌，在产业规模、创新能力、产业链配套、知名度和行业竞争力上都充分发展并且保持了领先优势，成为带动全国家电产业发展的核心地区。美的、海信科龙、格兰仕、万家乐、小熊电器等众多知名家电品牌都在顺德拥有生产基地。

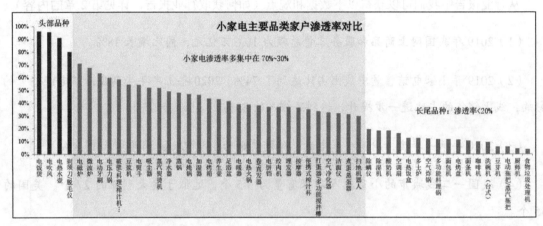

▲图 6-3　小家电行业主要产品品类的渗透率情况

2. 品牌分析：摩飞是谁

摩飞是新宝旗下代理的一个品牌。2017 年，新宝成立品牌发展事业部，并且在随后的几年之中，逐步建立起一个如下所示的"品牌矩阵"。

- 东菱：最早的自有品牌，主打性价比和大众化。

- 摩飞：早年间代理的英国小家电品牌，主打中高端路线。

- 百胜图：2016 年推出的咖啡机品牌。

- 莱卡：2018 年和意大利净水器公司成立的子公司，新宝负责其在国内的业务。

- 歌岚：2018 年和美国个人护理品牌歌岚成立的子公司，新宝负责其在国内的业务。

- 鸣盏：从东菱中拆分出来的茶具电器品牌。

　　在这个品牌矩阵中，摩飞是其中最成功的，但是前期也走了一些弯路。摩飞是 1936 年成立于英国的小家电品牌，早在 2013 年的时候，摩飞就曾经试图打入中国市场，当时是由一个香港团队来代理。但是由于对内地市场没有足够的了解，找的是传统的经销商铺货，最后也没能做起来。随后，新宝拿下了摩飞在内地的商标授权，并为内地市场补充了一些新产品。

　　摩飞开始为众人所知，起源于一款叫作"摇摇杯"的便携式榨汁杯（如图 6-4 所示）。榨汁杯（榨汁机）本来不是一个新的品类。传统的榨汁机体积大、重量大，马达和电池占据了大部分的物理空间。摩飞瞄准长期在外或者户外旅游的年轻人，在这个成熟品类里做出了差异化。区别于传统的厨房场景，摩飞细分出"户外"的使用场景，并且在产品方面进行"便携化"处理，将马达缩小，电池做成无线充电，将更大的空间让给果汁杯。摩飞通过榨汁杯完成了里程碑式的一跃，"用一款单品带火了一个品牌"。

▲图6-4　摩飞的便携式榨汁杯

　　摩飞主要做的产品包括家居电器和厨房电器两大类。截至 2020 年年底，摩飞布局的产品品类如下。

- 家居电器：暖被机、加湿器、衣物护理机、手持挂烫机、冷暖风机、车载吸尘器等。

- 厨房电器：料理棒、计量米桶、蒸锅、冰箱除味器、便携烧水杯、便携搅拌杯、绞肉机、轻食机、煮茶器、榨汁杯、刀具砧板消毒机、食物处理器等。

摩飞与东菱在定位上差异明显。东菱是新宝较早的自主品牌，主打大众化和性价比，而摩飞则为英国高端小家电品牌，填补了高端小家电市场上的空白，与东菱形成产品定位上的互补。

回顾 2.1.2 小节中讲过的"市场容量和增长率的二维四象限坐标图"（如图 6-5 所示），从整体上来看，小家电行业明显是属于"市场容量大"且"增长率低"的行业，因此新品牌入场需要走"细分市场"的路线。基于这样的市场背景，摩飞品牌产品定位于长尾市场（采用类似策略的还有小熊电器），主打的产品都是传统家电巨头（美的、苏泊尔、九阳等）并不强势的新兴小家电产品，因为这些新品类的竞争相对来说没有那么激烈，具备可挖掘的产品机会点，从而避开和巨头企业"正面交锋"的不利位置，选择了侧翼战场。

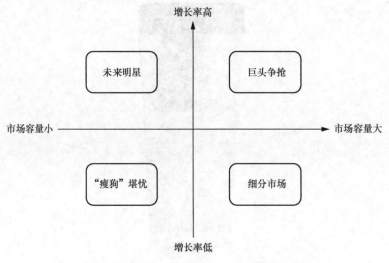

▲图 6-5　市场容量和增长率的二维四象限坐标图

近年来摩飞的收入飞速增长。2015 年摩飞的全年营收仅为 3500 万元，占新宝公司整体收入的比重不足 1%。到了 2019 年，摩飞的全年营收冲到了 6.5 亿元，占新宝公司整体收入比重的 7.1%，如图 6-6 所示。

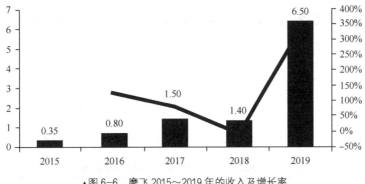

▲图6-6　摩飞2015～2019年的收入及增长率

新宝也凭借着摩飞，实现了继之前的从 OEM 到 ODM 的转变，再上一个台阶到 OBM 的跨越。所谓 OEM、ODM 和 OBM 的概念，这里简单介绍一下。

- OEM（Original Equipment Manufacturer，原始设备制造商）：由品牌商提供产品的结构、外观和工艺进行生产，产品生产后由品牌商贴牌销售。这种模式的净利率一般不超过 4%。

- ODM（Original Design Manufacturer，原始设计制造商）：生产商根据客户的产品需求或者自主规划来开发产品，客户选定产品之后下订单进行生产，产品依然由品牌商贴牌销售。ODM 的要求相比 OEM 更高一些，需要生产商具备一定的规模，并且有较强的研发设计和生产制造能力。ODM 模式可实现的净利率也会更高一些，可以达到 4%～8%。

- OBM（Original Brand Manufacturer，原始品牌制造商）：生产商自行设计产品外观、结构、电子和工艺，产品开发完成后自主生产，销售具备自主品牌的产品。OBM 模式可实现的净利率最高，约为 15%。

3. 产品分析：摩飞为什么能"飞"

一家企业如果想取得成功，至少在"产品、营销、供应链管理"三个方面中，要有一到两个方面做得比较出色，而摩飞在这三个方面的表现都有其过人之处。

（1）摩飞的"产品端"

第一，有基础。在代理摩飞品牌之前，新宝已经实现了从 OEM 到 ODM 的转型，积累和具备了产品开发设计的丰富经验。新宝的客户对于产品外观、性能等各方面细节的苛刻要求，都逼迫着新宝往精益求精的方向去努力。在长期服务于全球各大品牌商的同时，新宝也积累和洞察了国内外小家电行业的发展趋势，为国内市场的发力打下了良好的基础。

第二，选得好。公司在整体的产品方向上没有在"美苏九"（美的、苏泊尔、九阳）强势的传统厨电领域（如表 6-2 所示）去竞争，而是选择了巨头无暇顾及的新兴品类，找到了自己的蓝海"小"市场，专注于产品功能的创新。产品定位精准了，营销才能跟着精准。

表 6-2　"美苏九"在传统厨电领域的市场占有率

公司名称	市场占有率			
	电饭煲	电压力锅	搅拌机	电磁炉
美的集团	41%	41%	34%	46%
苏泊尔	31%	33%	25%	27%
九阳股份	13%	18%	34%	17%
CR3	85%	92%	93%	90%

第三，本土化。摩飞原为英国品牌，在英国的主打产品为咖啡机、面包机、多士炉等传统西式小厨电。我们知道，国内用户和西方用户在厨房场景下的生活习惯是很不相同的，直接把英国产品改版到国内显然不是明智之举。因此新宝在代理了摩飞品牌之后，主打的是榨汁机、多功能锅等更加符合中国人生活习惯的品类。图 6-7 所示为摩飞英国官网的主打产品，而图 6-8 所示为摩飞中国官网的主打产品，二者的区别一目了然。

▲图 6-7　摩飞英国官网的主打产品

▲图6-8 摩飞中国官网的推荐产品

第四，高颜值。摩飞产品面向的用户群体为已经成为消费主力的80后和90后，这群用户对于产品的外观要求越来越高。摩飞的不同品类产品具备共同的设计语言，即以"英伦风"为主调性，以复古造型搭配年轻化的配色（椰奶白、轻奢蓝、落樱粉、清新绿、绅雅黑等）为特点，把"战略性地好看"贯彻到了极致。复古的配色彰显了高贵的气质，并且通过材质、工艺打造产品的品质感。结合2.2.2小节"用户的通用化需求"中的内容，摩飞产品已经超越了实现产品物理功能的层面，到达了满足用户精神情感需求的层面。用户购买摩飞产品不仅是为了使用其功能，更是为了满足用户对于美好生活品质的向往，满足用户的虚拟自我，即摩飞产品击中了用户的"痒点"。

第五，重体验。仔细阅读摩飞的众多产品的详情介绍页，或者在实际使用摩飞产品的过程中都可以发现，摩飞在不少产品的细节之处，都做到了捕捉用户使用过程中所碰到的场景性问题，并且通过产品的设计来解决该问题。例如，隐藏式电线设计，方便电线的收纳，如图6-9所示。

▲图6-9 便携电热水壶的底部电源线收纳设计

米桶的倒计时功能，方便用户了解桶内大米的保鲜情况，如图 6-10 所示。

▲图 6-10　米桶的保鲜倒计时

一个砧板的设计小心思，如图 6-11 所示。

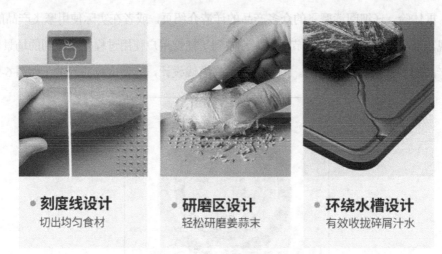

▲图 6-11　一个砧板的设计小心思

便携烧水杯的夜起冲奶场景（如图 6-12 所示）抓得很好，相信有过半夜起来冲奶经历的读者在看到这一设计的瞬间都会被打动。

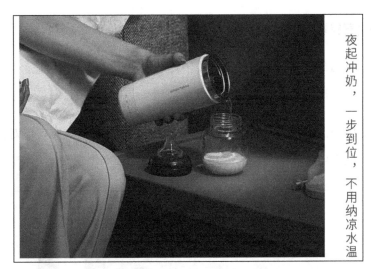

夜起冲奶，一步到位，不用纳凉水温

▲图 6-12　便携烧水杯的夜起冲奶场景

第六，有洞察。摩飞的用户群体主要是 80 后、90 后，用户的地理位置主要分布在一线或沿海城市，因为城市寸土寸金，这些用户最大的痛点就是"厨房面积不够大"。厨房面积有限，必然就摆放不下太多的厨电产品。基于这个考虑，解决方式要么就是一台机器顶多台用，要么就是不在厨房里用。因此我们可以看到，摩飞推出的产品都有两大特色，一是"多功能"，二是"便携化"，也可以总结为"多功能"和"多场景"，就是围绕着"少占用厨房面积"和"走出厨房"这两个思路来考虑的。另外，其刀具砧板消毒机、衣物护理机也是切中了疫情下用户更重视健康的需求，体现了摩飞把握趋势和洞察用户需求的能力。摩飞多功能锅在 2020 年双十一的销售表现优秀，位居类目榜首（见图 6-13），体现了其优秀的品牌力和产品力。

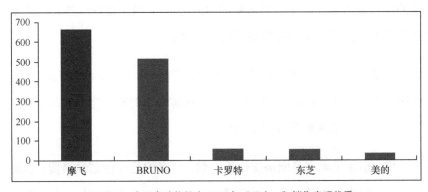

▲图 6-13　摩飞多功能锅在 2020 年"双十一"销售表现优秀

（2）摩飞的"营销端"

在摩飞进入中国市场的时候，国内渠道营销环境的现状是线下渠道已经被"美苏九"牢牢把控、壁垒高企，因此摩飞避其锋芒，主攻线上渠道。

第一，靠微商破局。微商具有去中心化、强社交的属性。虽然大家可能对微商刷屏式的营销感到不胜其烦，但不可否认的是微商近几年来的市场规模和增速确实不错，如图 6-14 所示。

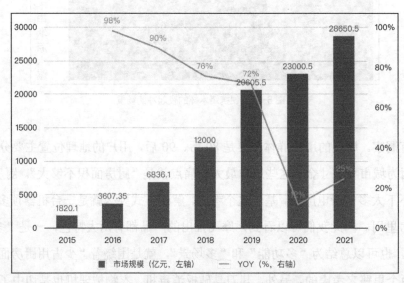

▲图 6-14　2013～2017 年微商的市场规模和增速

摩飞除了在京东、天猫等传统电商渠道上铺货外，也布局了微商的新兴渠道。2016 年摩飞在微商渠道的销售额占据了摩飞总销售额的 30%左右，当然微商这种凭借"朋友圈刷屏式营销"的方式无法走得太远，需要继续拓展更好的渠道。

第二，依托社交电商成长。随着传统电商渠道的获客成本逐步高企（2018 年阿里、京东的获客成本相比 2011 年已经接近翻倍），因此更低获客成本的社交电商应运而生。2013～2017 年社交电商的市场规模和增速如图 6-15 所示。

相比于大家电，小家电类产品刚需属性不够强，更多的是非计划性消费，以提升生活品质为目的。刚需性产品的购物场景一般为用户碰到一些非解决不可的问题，主动搜寻产品信息并完成购买。而购买非刚需性产品，对于用户来说被动性更强一些，信息更多来源于朋友推荐、朋友圈链接、KOL 种草等。而这些正好就是社交电商的应用场景。

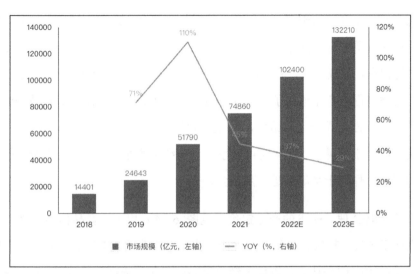

▲图 6-15　2013～2017 年社交电商的市场规模和增速

2015 年摩飞建立了官方微信公众号，并在公众号、微博、小红书等平台上开展营销活动。当时，传统小家电企业在社交电商领域还并不占优势，而摩飞先发制人，积极地投放高品质的内容，营造产品氛围。社交电商除了在获客成本方面具有优势之外，也是一个更快地到达目标用户的营销渠道。摩飞在社交电商领域的快速成长也带有一定的偶然性。新宝在 2014 年拿到了摩飞在国内的品牌代理权，2016 年推出了网红便携榨汁机。在同样时间段，2014 年小红书的"福利社"上线，2015 年"拼多多"成立，可以说摩飞的发展恰逢社交电商的风口，好产品幸运地遇上了好渠道。

第三，投入直播电商，继续发力。除了社交电商之外，摩飞持续关注市场上的新型渠道，积极布局直播电商，以持续发力。

不管是微商、社交电商，还是直播电商，其共同特点都是为了获取高性价比的流量。小家电产品更新迭代的速度比较快，而摩飞因为产品深度不足，无法形成类似小米品牌的规模效应，线下经销商的合作意愿不大，换句话说就是摩飞想获取线下流量存在比较大的困难。再看线上，淘宝系是线上最大的零售平台，但线上资源分化明显，大部分向头部产品集中，导致新兴品牌难以在免费流量算法上获取优势，若直接花钱购买流量，其转化性价比也不算高。因此摩飞必须积极尝试成本更低的零售新业态，例如上面提到的微商、社交电商和直播电商。

摩飞积极和社交电商（如微博、抖音、小红书等）平台上的美食博主、母婴博主合作，将零散化、碎片化的流量聚合。各种营销内容的投放，完成了产品信息的传播，紧接着通过发放赠品、优惠券等福利，促成交易，并在成交之后引导用户"晒单"来进一步通过社交化扩散传播品牌口碑。传播过程给产品植入了"网红"的标签（哪怕一开始并不是），如果产品真的好，就容易形成"自证预言"式的正向循环，产品真的就变成了网红产品。当成为了真正的网红产品之后，产品就自带流量属性了，从而可以享受到传统电商平台（京东、天猫）的好处，经销商也主动上门寻求合作，于是产品进一步放量。

第四，定价策略合理。摩飞的产品定价（见图 6-16）相比于竞品稍高，既符合目标消费者的调性，表达了个性、精致、有品位的生活主张，也给公司、渠道、产品推广等留下了足够的空间。比如电热水壶这个品类，市场上销量最高的电热水壶的价位在 99 元左右，东菱的电热水壶甚至低至 49 元，而摩飞的定价则高达 499 元。

摩飞真空保鲜机MR1113...
产品价格699.00

摩飞慢煮机MR1065
产品价格1699.00

摩飞美式磨豆咖啡机MR...
产品价格1999.00

果汁机MR9500
产品价格358.00

破壁料理机MR1029
产品价格999.00

电热水壶MR7076A系列
产品价格499.00

▲图 6-16 摩飞部分产品的定价

产品的高定倍率（定倍率=零售价÷成本）可以提供完善的激励保障。对内采用类似合伙人的激励方式，对外高渠道毛利就是给经销商的最大激励。摩飞对经销商的内容策划和分发能力的要求高于铺货能力。所谓兵马未至，粮草先行，"内容"就是这些粮草，内容到位了，产品销售就是水到渠成的事情。

（3）摩飞的"供应链"

第一，还是有基础。公司长期服务于海外知名品牌商，例如 Jarden Group、Hamilton Beach、松下、飞利浦等，除了积累了不少市场经验和用户洞察之外，客户对于产品高品质的要求也持续打磨了公司的供应链体系。

第二，产品推出的效率高。小家电类产品需要创意，也需要具备将创意快速落地的能力。摩飞将新品的研发周期从 6～12 个月进一步缩短，能够保持有节奏地快速推出新品。新宝拥有产业链垂直整合的能力（主要是上游产业链），具备自制塑胶件、电器件、五金件、压铸件的能力，既能压缩响应时间，又能有效地把控品质和成本。新宝拥有超过 2000 个 SKU（Stock Keeping Unit，库存量单位），已经实现了大部分物料的标准化和规模化。一旦实现了标准化和规模化，就能带来明显的成本优势。快速上新可以帮助公司增加产品线的长度和宽度。如果长度短、宽度窄，产品结构不完整，难以让消费者对品牌建立完整的认知和充分的信任。快速上新也极大地促进了摩飞产品的曝光频次，丰富的品类选择也有利于同一个消费者完成二次购买行为。

以上就是以小家电行业里的摩飞品牌为例，结合了本书讲过的知识点，做的一次从行业、企业和产品三方面进行分析的案例演示。经过这么一番拆解，我们就能大概了解小家电行业的概况、摩飞是谁、摩飞做了什么、表现如何、为什么能够成功等几个方面的关键信息。不仅对于了解行业、企业和产品会有所积累，对于自己后续做产品规划和产品定义也会有思路上的启发。

6.4　终身学习

6.4.1　合理消费"注意力"资产

我们都知道，金钱很重要，而时间比金钱重要。然而还有一种东西比时间更为重要，那就是我们的"注意力"。仔细想想确实如此，时间固然重要，但时间其实是难以掌控的客观因素，不管我们如何做，时间终将会流逝，这一点不会以人的主观意志为转移。这也正如李笑来老师在《把时间当作朋友》一书中所说的："我们无法管理时间，我们只能尝试去做时间的朋友。"而注意力这个"资产"，却是我们自己能够把控的。

注意力非常公平，这是每个人都拥有的、最重要的，却被大多数人都忽视了的宝贵财富。我们的注意力真的很少，一天下来能够集中起来有所产出的注意力，可能只有两三个小时而已。而结果却是很多人把有限的注意力用于追剧、玩游戏、关心明星的绯闻、刷短视频……要知道，这类企业的商业模式，其实就是"收集"广大用户的注意力然后"卖出"变现。所有我们认为的重要的东西，追根溯源都是由我们如何分配注意力而产生的结果。

把注意力放在"能力提升"上，我们能获得更高的回报。例如，我们出售"个人的时间"可以获得劳动报酬，这是主动收入；出售"金钱的时间"可以获得投资回报，这是被动收入。把注意力放在"身体锻炼"上，我们能拥有更好的身体；把注意力放在亲人身上，我们能收获更高质量的亲情。而如果我们把注意力放在游戏、短视频上，带来的收益仅仅只有那短暂的愉悦，长期来看价值几乎为零；把注意力放在各种花边新闻上，带来的收益仅仅是中午和同事们吃饭的时候多了些许谈资，而几个月后就清零，无法沉淀为个人资产。

从这个角度来看，钱不是最重要的，因为它可以再生；时间也不是最重要的，因为它本质上并不属于你；你的注意力才是你所拥有的最重要、最宝贵的资源。换句话说，我们的人生在一定程度上真的是自己所选择的，选择的逻辑就是如何分配自己的注意力，因为注意力完全由自己做主，除非自己主动放弃。所以，排一下重要性的次序，应该是注意力＞时间＞金钱。既然注意力如此重要，那么应该怎么分配我们的注意力才合适呢？笔者认为我们应该竭尽全力把自身的注意力优先放到自己的"成长"上。

那么，如何才能合理"消费"我们的注意力呢？有一个概念可以很好地解答这个问题：并联。并联分为两个层次，第一个层次为"时间并联"，第二个层次为"意义并联"。通过这两个层次的并联，我们的注意力价值能够被充分释放、达到最优。

1. 时间并联

所谓"时间并联"很好理解，就是把两件或者多件事情放在同一个时间段进行。举个生活中的例子，我们都知道下厨的时候，最好先把饭煮上，然后在煮饭的同时做洗菜、炒菜这些事情。而不是等到饭煮好了，才开始洗菜炒菜。这样当饭煮好了，菜基本上也就做好了。这就是把做饭和做菜两个任务给并联起来了，在最短的时间内完成了吃自己做的饭菜的任务，避免注意力过度地无谓耗散。再比如，边跑步边听歌，边走路边听书……这些都属于时间并联。

这里引入一个概念，叫作"注意力集中度"。对于不同的任务，我们所需要投入的注意力集中度是不同的。假如我的注意力集中度最高值是 100 分，那么我跑步的时候，可能只需要投入 10 分的注意力，如果只干这一件事情，那么另外的 90 分就耗散掉了。

这也是为什么许多音视频类产品会推出"倍速"功能的原因。因为不同的用户在面对同一个音频或视频的时候，所需要投入的注意力集中度是不同的。可能正常倍速的时候需要 20 分，1.5 倍速的时候需要 40 分，2 倍速需要 80 分，3 倍速就超过 100 分的最大值了，无论如何努力听都无法吸收。

2. 意义并联

如果说时间并联是为了把"时间瓶子"给尽可能地填满，那么"意义并联"就是试图把这个填满的瓶子尽可能地出售多次。比如说工作这件事，我们可以看到工作中有两类人：一类人是为老板打工，抱着这种心态的人在工作上能少干则少干；另一类人是不仅为老板打工，也为自己打工，这类人就总是希望去承担更多的职责和任务，不仅为了工作成绩，也为了个人成长。往往第二类人能够创造出更大的价值，因为他们的同一份时间被售出了两次，一次是给公司，一次是给自己。他们的工作绩效也往往会更好，因为抱着为自己打工的心态，时常思考是否对得起拿到手里的薪水，是否对得起自己付出的时间和精力，因而也无法接受不够优秀的工作产出。这就是把"工作"和"成长"两件事情给并联起来了，一件事情具备了两重意义，并联率就为 2。

总而言之，时间并联，是提升我们的做事效率。意义并联，是提升我们的人生效率。合理地消费"注意力资产"，就是要做好一道"选择题"：选择把注意力投向哪里。

6.4.2　日拱一卒

学习的本质是"神经细胞之间的连接强化"。加拿大心理学家唐纳德·赫布提出了著名的"赫布定律"：如果两个神经细胞总是同时被激发，那它们之间的连接就可能变得更强，信号传递就可能更有效率。也就是说，从生命科学的微观层面来看，学习的本质就是在学习过程中，神经细胞之间的连接变强了。从宏观的动物行为层面来看也是类似的，学习就是把自己认知中原本不相关的东西联系到一起。学习能提升智识水平，让我们脑里有"货"。先看看万维钢提出的"人生三链"——食物链、智识链和幸福链。

每个人在食物链上的地位取决于他掌握的资源。资源可以是钱，也可以是过硬的技术等。而此类资源除了靠努力去获取之外，在合适的时机做出恰当的选择也很重要。所以在"食物链"这里，不是只要努力就能达到顶端。

相对于食物链的不可控，"智识链"则更值得追求。智识就是智慧和见识。资源可以继承、遗传和赠送，而智识不能，在这方面所有人出生时基本处于相同的起跑线上。智识就像是一副眼镜，戴上它之后世界没变，我们却能因此看得更加清晰；智识又像是一架天平，让人厘清什么重要和什么更重要；智识还是历史的经验和我们做事所依据的手段。

还有第三条"幸福链"。幸福是一种感觉，和你在食物链、智识链中所处位置的高低并无直接的因果关系。从生理学角度来讲，幸福的本质是多巴胺等化学物质的分泌，多巴胺能让人感觉愉悦，让人感觉舒爽。有两种行为可以促使我们分泌多巴胺：一是做自己喜欢的事情而进入了心流状态，二是拥有良好的人际关系。

横向对比这三条链，智识链更值得追求。门槛低、收费少、易上手，愿意花时间就可以去做。智识水平高，还能够带动其他两条链的提升，也能更清楚地认识自己，在其他两条链中找到适合自己的位置。高食物链而低智识链，很容易一不小心就从食物链上掉下来；高智识链而低食物链，只要给予时间，早晚都能主动地在食物链上提高位置。对于所谓"精英"的定义，不能只看资产净值，更应该看智识水平的高低。

提升智识可以帮助我们做好人生的三道大题：判断题、选择题和解答题。人的一生中碰到的所有问题，其实都可以这么归类。

（1）判断题：明辨是非的价值观，知道什么是对的、什么是错的。

（2）选择题：厘清什么重要和什么更重要。人的现在是由过去的所有选择累积而成的结果。

（3）解答题：解决实际问题，拥有做好一项具体任务的能力。

要想保持终身学习，做时间的朋友，需要保持良好的学习心态和正确的学习行动。饭要一口一口地吃，良好的学习心态也是日拱一卒。首先要有打持久战的心理准备，既然是终身学习，那么就不是一项突击任务，而是要持续一生。可能会听到有人问："学了那么多，到底有啥用？""能不能推荐个最好的课程，最好的一本书。""有没有什么内容可以让我看了之后马上就变得不同？"这种心态就是把学习当成立竿见影的事情了，这时我会反过来问："你觉得吃了这么多年饭，哪一口饭对你的影响最大？"学习是精神食粮，同样也是一口一口吃出来的。

有两种曲线值得了解："对数增长"曲线和"指数增长"曲线。"对数增长"曲线初期增长得特别快，到了后面就越来越慢，到了最后就几乎是一个平台期，哪怕付出极大的努力也只能进步一点点。比如"王者荣耀"游戏从青铜打到钻石很简单，从钻石打到王者就难了些，而要从王者打到荣耀王者，那就相当难了。而"指数增长"曲线初期增长得非常缓慢，一直到某个时候，就好像突破了什么屏障一般，从量变突破到了质变，增长斜率陡然上升并一直持续增长。比如企业的增长、个人财富的积累都是如此。对于学习这件事来说，更符合"指数增长"曲线的特点和规律。好比健身刺激身体细胞，锻炼的是身体肌肉；学习刺激神经细胞，锻炼的是大脑肌肉。日拱一卒，功不唐捐，进一寸自有一寸的欢喜。

游戏能让人轻易上瘾，原因就在于提供了明确的升级路径和强烈的即时反馈。如果说学习一事需要加上"坚持"作为前缀，那么哪怕坚持了一个月、一年，终有一天也会"从入门到放弃"。能否借鉴游戏的套路，把学习的长期反馈拆解，使其同样具备清晰的升级路径和短期的行为反馈刺激，像玩游戏一般也能让人上瘾呢？李笑来老师有句话值得借鉴："学习学习再学习，实践实践再实践。"句中的第二个"学习"和第二个"实践"都是名词，意思是学习了如何学习的方法后才能更好地去学习。实践了实践本身，体会到其收益和乐趣之后，才能更好地去实践。

　　学习是输入，实践是输出。以输入带动输出，再以输出反馈输入，如此就能够构成一个正反馈循环的增强回路。输出形式多种多样，把所思所学应用于工作和生活中，每有所感就记录笔记、互相交流、写写文章等。至于输入的渠道，在互联网时代的今天更是让人应接不暇，有心自然能找到适合自己的。

　　要成为一名优秀的硬件产品经理，除了掌握好基本的工作方法论之外，持续地学习也是非常重要的。读完本书只是一个起点，让我们保持终身学习的习惯，一起继续向前努力吧！